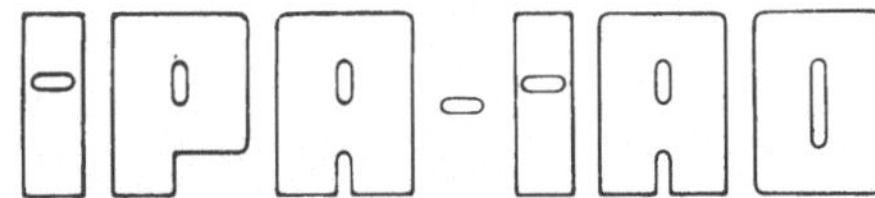

Forschung und Praxis

Band 233

Berichte aus dem
Fraunhofer-Institut für Produktionstechnik
und Automatisierung (IPA), Stuttgart,
Fraunhofer-Institut für Arbeitswirtschaft
und Organisation (IAO), Stuttgart,
Institut für Industrielle Fertigung und
Fabrikbetrieb der Universität Stuttgart und
Institut für Arbeitswissenschaft und
Technologiemanagement, Universität Stuttgart

Herausgeber: H. J. Warnecke und H.-J. Bullinger

Springer

Berlin
Heidelberg
New York
Barcelona
Budapest
Hongkong
London
Mailand
Paris
Santa Clara
Singapur
Tokio

Sabine Stephan

Typologie zur systematischen Gestaltung der Arbeitsorganisation für Flexible Fertigungssysteme

Mit 39 Abbildungen und 63 Tabellen

Springer

Dr.-Ing. Sabine Stephan
Fraunhofer-Institut für Arbeitswirtschaft und Organisation (IAO), Stuttgart

Prof. Dr.-Ing. Dr. h. c. Dr.-Ing. E. h. H. J. Warnecke
o. Professor an der Universität Stuttgart
Fraunhofer-Institut für Produktionstechnik und Automatisierung (IPA), Stuttgart

Prof. Dr.-Ing. habil. Dr. h. c. H.-J. Bullinger
o. Professor an der Universität Stuttgart
Fraunhofer-Institut für Arbeitswirtschaft und Organisation (IAO), Stuttgart

D 93

ISBN 978-3-540-61465-4   ISBN 978-3-662-00978-9 (eBook)
DOI 10.1007/978-3-662-00978-9

Die Wiedergabe von Gebrauchsnamen, Handelsnamen, Warenbezeichnungen usw. in diesem Werk berechtigt auch ohne besondere Kennzeichnung nicht zu der Annahme, daß solche Namen im Sinne der Warenzeichen- und Markenschutz-Gesetzgebung als frei zu betrachten wären und daher von jedermann benutzt werden dürften.

Sollte in diesem Werk direkt oder indirekt auf Gesetze, Vorschriften oder Richtlinien (z. B. DIN, VDI, VDE) Bezug genommen oder aus ihnen zitiert worden sein, so kann der Verlag keine Gewähr für die Richtigkeit, Vollständigkeit oder Aktualität übernehmen. Es empfiehlt sich, gegebenenfalls für die eigenen Arbeiten die vollständigen Vorschriften oder Richtlinien in der jeweils gültigen Fassung hinzuzuziehen.

Gesamtherstellung: Copydruck GmbH, Heimsheim
SPIN 10543157   62/3020-6 5 4 3 2 1 0

Geleitwort der Herausgeber

Über den Erfolg und das Bestehen von Unternehmen in einer markt-
wirtschaftlichen Ordnung entscheidet letztendlich der Absatzmarkt.
Das bedeutet, möglichst frühzeitig absatzmarktorientierte Anforderungen sowie deren Veränderungen zu erkennen und darauf zu reagie-
ren.

Neue Technologien und Werkstoffe ermöglichen neue Produkte und er-
öffnen neue Märkte. Die neuen Produktions- und Informationstechno-
logien verwandeln signifikant und nachhaltig unsere industrielle
Arbeitswelt. Politische und gesellschaftliche Veränderungen signa-
lisieren und begleiten dabei einen Wertewandel, der auch in unse-
ren Industriebetrieben deutlichen Niederschlag findet.

Die Aufgaben des Produktionsmanagements sind vielfältiger und an-
spruchsvoller geworden. Die Integration des europäischen Marktes,
die Globalisierung vieler Industrien, die zunehmende Innovations-
geschwindigkeit, die Entwicklung zur Freizeitgesellschaft und die
übergreifenden ökologischen und sozialen Probleme, zu deren Lösung
die Wirtschaft ihren Beitrag leisten muß, erfordern von den Füh-
rungskräften erweiterte Perspektiven und Antworten, die über den
Fokus traditionellen Produktionsmanagements deutlich hinausgehen.

Neue Formen der Arbeitsorganisation im indirekten und direkten
Bereich sind heute schon feste Bestandteile innovativer Unternehmen. Die Entkopplung der Arbeitszeit von der Betriebszeit, inte-
grierte Planungsansätze sowie der Aufbau dezentraler Strukturen
sind nur einige der Konzepte, die die aktuellen Entwicklungsrich-
tungen kennzeichnen. Erfreulich ist der Trend, immer mehr den Menschen in den Mittelpunkt der Arbeitsgestaltung zu stellen - die
traditionell eher technokratisch akzentuierten Ansätze weichen einer stärkeren Human- und Organisationsorientierung. Qualifizie-
rungsprogramme, Training und andere Formen der Mitarbeiterent-
wicklung gewinnen als Differenzierungsmerkmal und als Zukunftsin-
vestition in *Human Recources* an strategischer Bedeutung.

Von wissenschaftlicher Seite muß dieses Bemühen durch die Entwicklung von Methoden und Vorgehensweisen zur systematischen
Analyse und Verbesserung des Systems Produktionsbetrieb einschließlich der erforderlichen Dienstleistungsfunktionen unter-
stützt werden. Die Ingenieure sind hier gefordert, in enger Zusammenarbeit mit anderen Disziplinen, z.B. der Informatik, der Wirt-
schaftswissenschaften und der Arbeitswissenschaft, Lösungen zu erarbeiten, die den veränderten Randbedingungen Rechnung tragen.

Die von den Herausgebern geleiteten Institute, das

- Institut für Industrielle Fertigung und Fabrikbetrieb der
  Universität Stuttgart (IFF),

- Institut für Arbeitswissenschaft und Technologiemanagement (IAT)

- Fraunhofer-Institut für Produktionstechnik und Automatisierung
  (IPA),

- Fraunhofer-Institut für Arbeitswirtschaft und Organisation (IAO)

arbeiten in grundlegender und angewandter Forschung intensiv an
den oben aufgezeigten Entwicklungen mit. Die Ausstattung der
Labors und die Qualifikation der Mitarbeiter haben bereits in der
Vergangenheit zu Forschungsergebnissen geführt, die für die Praxis
von großem Wert waren. Zur Umsetzung gewonnener Erkenntnisse wird
die Schriftenreihe "IPA-IAO - Forschung und Praxis" herausgegeben.
Der vorliegende Band setzt diese Reihe fort. Eine Übersicht über
bisher erschienene Titel wird am Schluß dieses Buches gegeben.

Dem Verfasser sei für die geleistete Arbeit gedankt, dem Springer-
Verlag für die Aufnahme dieser Schriftenreihe in seine Angebots-
palette und der Druckerei für saubere und zügige Ausführung. Möge
das Buch von der Fachwelt gut aufgenommen werden.

                              H.J. Warnecke   H.-J. Bullinger

Vorwort der Autorin

Die vorliegende Arbeit entstand während meiner Tätigkeit als Gastwissenschaftlerin am Fraunhofer-Institut für Arbeitswirtschaft und Organisation (IAO), Stuttgart und als Doktorandin der Fakultät Konstruktions- und Fertigungstechnik der Universität Stuttgart.

Herrn Univ. Prof. Dr.-Ing. habil. Prof. e. h. Dr. h. c. H.-J. Bullinger, Leiter des Instituts für Arbeitswissenschaft und Technologiemanagement (IAT) der Universität Stuttgart und des Fraunhofer Instituts für Arbeitswirtschaft und Organisation (IAO), gilt für die wissenschaftliche Unterstützung und die großzügige Förderung meiner Arbeit mein besonderer Dank.

Herrn Prof. Dr.-Ing. Dr. h. c. U. Heisel, Leiter des Instituts für Werkzeugmaschinen (IfW) der Universität Stuttgart, danke ich herzlich für die wohlwollende Förderung, insbesondere für die Vermittlung wertvoller Industriekontakte und die Übernahme des Mitberichtes.

Die Befragung der Anwender von Flexiblen Fertigungssystemen (FFS) wurde mit freundlicher Unterstützung des Vereins Deutscher Werkzeugmaschinenfabriken e. V. durchgeführt. Den beteiligten Firmen sei an dieser Stelle nochmals gedankt. Herrn Dipl.-Ing. G. Gugenberger von der Steyr-Daimler-Puch Fahrzeugtechnik AG Graz gebürt mein besonderer Dank für den Ersteinsatz des entwickelten Instrumentariums und die sich daraus ergebenden praxisorientierten Hinweise.

Darüber hinaus danke ich rückblickend meinen Kolleginnen und Kollegen vom Fraunhofer Institut für Arbeitswirtschaft und Organisation (IAO). Persönlich bin ich Herrn Dipl.-Ing. J. Fuhrberg-Baumann für seine freundliche Starthilfe im Westen Deutschlands verbunden. Herrn Dr.-Ing. H. Schaal und Herrn Dr. rer. nat. M. Rieger danke ich aufrichtig für die eingehende Durchsicht meiner Arbeit und für die konstruktiven Hinweise. Ebenso danke ich den Mitarbeiterinnen und Mitarbeitern des Institutes für Werkzeugmaschinen (IfW) für die vielfältige Unterstützung meiner Arbeit. Herrn Dipl.-Ing. M. Lutz danke ich herzlich für seine offene Diskussionsbereitschaft und die wertvollen Anregungen zum Thema.

Mein ganz besonderer Dank gilt meinen Eltern und meinem Freund Gerhard. Durch ihr großes Verständis, ihre Ermutigung und engagierte Unterstützung haben sie entscheidend zum erfolgreichen Abschluß dieser Arbeit beigetragen.

Graz, April 1996   Sabine Stephan

Inhaltsverzeichnis

0   Formelzeichen und Abkürzungen

Zeichen	Einheit	Bedeutung
a		Spannplatz
A		Typologisches Merkmal: Kundenauftrag
A.a		Merkmalsausprägung: Bestellung innerhalb von Rahmenaufträgen
A.b		Merkmalsausprägung: Bestellung mittels Einzelaufträgen
AA		Arbeitsaufgabe
AFK		Anforderungskriterium
AFS		Anforderungsstufe
AV		Arbeitsvorbereitung
A*		Aufspanner/-in (Beschäftigtengruppe)
A* n		Fiktive/-r Aufspanner/-in
A*-S		Springer/-in für Aufspanner/-innen (Beschäftigtengruppe)
A* n-S		Fiktive/-r Springer/-in für Aufspanner/-innen
b		Leitstand
B		Typologisches Merkmal: Fertigungsauftrag
B.a		Merkmalsausprägung: Fertigung auf Bestellung innerhalb von Rahmenaufträgen
B.b		Merkmalsausprägung: Fertigung auf Bestellung mittels Einzelaufträgen
BAM		Bearbeitungsmaschine
BAZ		Bearbeitungszentrum
B*		Bediener/-in (Beschäftigtengruppe)
B* n		Fiktive/-r Bediener/-in
c		Werkzeuglager und -voreinstellung
C		Typologisches Merkmal: Fertigungsart
C.a		Merkmalsausprägung: Großserienfertigung
C.b		Merkmalsausprägung: Serienfertigung
C.c		Merkmalsausprägung: Einzel- und Kleinserienfertigung
C.d		Merkmalsausprägung: Einmalfertigung
CNC		Computer Numerical Control
d		Durchlaufwaschmaschine
D		Typologisches Merkmal: Mengenabhängigkeit
D.a		Merkmalsausprägung: Umfassende Mengenabhängigkeit
D.b		Merkmalsausprägung: Eingeschränkte Mengenabhängigkeit

D.c		Merkmalsausprägung: Keine Mengenabhängigkeit
e		Meßautomat
E		Typologisches Merkmal: Werkstückgröße
E.a		Merkmalsausprägung: Kleinteile
E.b		Merkmalsausprägung: Großteile
EG		Entgraterei/Wäscherei
E*		Einsteller/-in der Werkzeuge (Beschäftigtengruppe)
E* n		Fiktive/-r Einsteller/-in der Werkzeuge
FFS		Flexibles Fertigungssystem
FFS-VB		Verantwortungsbereich Flexibles Fertigungssystem
FHM		Fertigungshilfsmittel
FM		Fertigungsmittel
GA		Grundaufgabe
H*		Hilfskraft (Beschäftigtengruppe)
H* n		Fiktive Hilfskraft
IH		Instandhaltung
KB		Komplettbearbeitung/-behandlungsbereich
K*		Kontrolleur/-in (Beschäftigtengruppe)
K* n		Fiktive/-r Kontrolleur/-in
LO		Logistik
MA		Mitarbeiter/-in
MDE		Maschinendatenerfassung
ME		Meister/-in (Beschäftigtengruppe)
MR		Meßraum
NC		Numerical Control
N_{GS}	%	Gesamtnutzungsgrad System
n		Bezugsgröße (Datenbasis)
N*		Nebenmaschinenbediener/-in (Beschäftigtengruppe)
N* n		Fikive/-r Nebenmaschinenbediener/-in
ÖS		Österreichische Schilling
p	%	Korrekturfaktor für maschineninternen Palettenwechsel
PPS		Produktionsplanung und -steuerung
PR		NC-Programmierung
QW		Qualitätswesen
RSU		Reinigungsservice(-unternehmen)
R*		Vorrichtungsrüster/-in (Beschäftigtengruppe)

R* n		Fiktive/-r Vorrichtungsrüster/-in
S*		Systemführer/-in (Beschäftigtengruppe)
S* n		Fiktive/-r Systemführer/-in
TA		Teilaufgabe der Systemarbeitsaufgabe
TA 1		Teilaufgabe: Fertigungsaufträge vorbereiten
TA 2		Teilaufgabe: Fertigungsaufträge einplanen
TA 3		Teilaufgabe: Fertigungsaufträge steuern
TA 4		Teilaufgabe: FFS wieder in Betrieb nehmen
TA 5		Teilaufgabe: Aufträge einfahren
TA 6		Teilaufgabe: Vorrichtungen umrüsten bei Auftragswechsel
TA 7		Teilaufgabe: Werkzeugwechsel vor- und nachbereiten
TA 8		Teilaufgabe: Werkzeuge wechseln bei Auftragswechsel
TA 9		Teilaufgabe: Werkzeuge wechseln bei Verschleiß und Bruch
TA 10		Teilaufgabe: Werkstücke spannen oder palettieren
TA 11		Teilaufgabe: Werkstücke entgraten und reinigen
TA 12		Teilaufgabe: Teilaufgaben an Nebenmaschinen und -arbeitsplätzen
TA 13		Teilaufgabe: Werkstücke prüfen und beurteilen
TA 14		Teilaufgabe: Eingreifen bei Qualitätsabweichungen
TA 15		Teilaufgabe: Instandhalten und warten
TA 16		Teilaufgabe: FFS umfassend reinigen
TA 17		Teilaufgabe: FFS-Personal planen und führen
T_{BS}	h	Belegungszeit System
T_{BS-Ist}	h	Ist-Belegungszeit System
$T_{BS-Soll}$	h	Soll-Belegungszeit System
T_{NS}	h	Nutzungszeit System
VB		Vorrichtungsbau
VBU		Vorrichtungsbauunternehmen
V*		Vorarbeiter/-in (Beschäftigtengruppe)
V* n		Fiktive/r Vorarbeiter/-in
WL		Werkzeuglager
WP		Werksplanung
WS		Werkzeugschleiferei
WZ		Werkzeuge
X		Extremtyp Großserienfertiger
Z		Extremtyp Einmalfertiger
ZA		Zusatzaufgabe

1 Einleitung

Nachdem zunächst für CIM-Systeme große, hochkomplexe, durchgehend rechnergeführte und kunden-spezifische Flexible Fertigungssysteme (FFS) installiert wurden, kommen zunehmend kleine und stufen-weise erweiterbare Standardsysteme zum Einsatz. Für die effiziente Nutzung solcher Systeme, insbesondere in kleinen und mittelständigen Unternehmen mit heterogenen Fertigungsstrukturen, ist es unabding-bar, der zentralen Stellung des Menschen angemessen Rechnung zu tragen. Der Gestaltung ganzheitli-cher, personalbezogener und dynamischer Organisationsstrukturen kommt dabei eine herausragende Rolle zu.

Eine im Jahr 1991 bei 13 FFS-Anwendern durchgeführte Befragung zum Gesamtnutzungsgrad der Sy-steme offenbarte eine Streuung zwischen 65 bis 95%. Mit Ausnahme von zwei FFS-Einsatzfällen waren die organisatorischen Ausfallraten prozentual gleich oder höher als die technischen /1/. Den FFS-Anwen-dern bereitete folglich fast ausnahmslos die Vermeidung organisatorisch bedingter Ausfallzeiten ein gro-ßes Problem.

Trotz der großen Anzahl der ingesamt im Einsatz befindlichen FFS und weiterführender Studien herrscht noch immer eine weitgehende Unklarheit über die Ursachen derartiger Nutzungsgradunterschiede und damit über die Möglichkeiten zu deren Beeinflussung. Die Untersuchungen zur direkten Abhängigkeit der organisatorischen Ausfallraten von:

- der Auftrags- und Werkstückspezifik,
- der Arbeitsteiligkeit,
- der Personalstärke im FFS-Verantwortungsbereich,
- der Qualifikation der Mitarbeiter/-innen und
- der Schichtorganisation

ergaben bisher keine eindeutig interpretierbaren Zusammenhänge. Es zeigte sich jedoch, daß die Motiva-tion der Mitarbeiter/-innen und das Entlohnungssystem den Nutzungsgrad der FFS nachhaltig beeinflus-sen. Das Untersuchungsergebnis überraschte die Fachwelt, denn diese hatte von der rechnerintegrierten, flexiblen Automatisierung eine weitgehende personelle Unabhängigkeit erwartet /2, 3/. Gegenwärtig vollzieht sich bei den FFS-Anwendern und -Herstellern auch deswegen ein grundsätzlicher Bewußtseins-wandel (Bild 1).

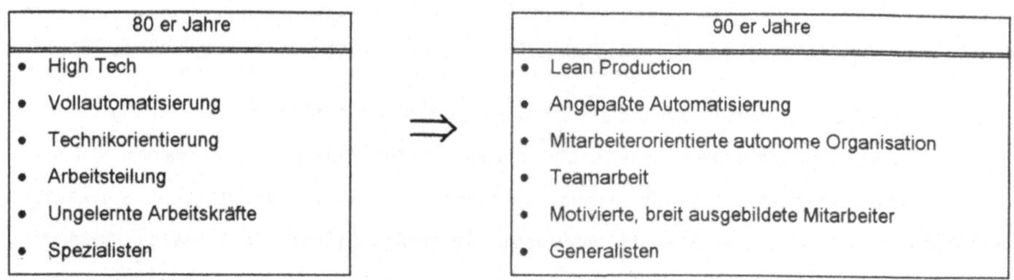

Bild 1: Wertewandel bei der Gestaltung von Produktionseinsrichtungen /2/

Vor diesem Hintergrund ist es ein wichtiges Anliegen, den FFS-Anwendern eine Orientierungs- und Entscheidungshilfe zur systematischen Ermittlung anforderungsgerechter Arbeitsorganisations- und Personaleinsatzlösungen für FFS-Verantwortungsbereiche bereitzustellen.

Die vorliegende Arbeit soll einen konkreten Beitrag für überwiegend aus Bearbeitungszentren bestehende FFS leisten. Die Vielfalt der FFS-Einsatzmöglichkeiten, die sich von der Einmalfertigung bis hin zur Großserienfertigung erstreckt, erfordert die Entwicklung einer FFS-Einsatztypologie. Von dieser ausgehend, werden für die einzelnen FFS-Einsatztypen Gestaltungsvorschläge zu den Schwerpunkten:

- schichtartdifferenzierter FFS-Einsatz,
- Auslegung des FFS-Verantwortungsbereiches,
- Arbeitsorganisation und
- Personaleinsatz

erarbeitet. Die Grundlagen hierfür bilden die durchgeführte Datenerhebung zu 78 FFS-Einsatzfällen, Expertengepräche mit zahlreichen FFS-Herstellern und -Anwendern sowie Studien einschlägiger Fachliteratur.

2 Aufgabenstellung

2.1 Begriffsbestimmung

Im Rahmen der vorliegenden Arbeit sind Grundlagen und Vorschläge für die Gestaltung effizienter Arbeitsorganisationslösungen für Verantwortungsbereiche mit Flexiblen Fertigungssystemen (FFS) zu erarbeiten. Unter Verwendung des von Hallwachs /4/ definierten „Dezentralen Verantwortungsbereiches" wird zuerst der Begriff „FFS-Verantwortungsbereich" erklärt.

„Dezentrale Verantwortungsbereiche" sind nach Hallwachs /4/ durch einen ganzheitlichen, vorwiegend produktbezogenen Zuschnitt der Fertigungsaufgabe, durch minimale Informationsflußverflechtungen untereinander sowie durch die Delegation von Kompetenz und Verantwortung gekennzeichnet. Die Produktorientiertheit und materialflußtechnisch weitgehende Abgeschlossenheit der Produktionsabschnitte mit spezifischen Fertigungsaufgaben prägen die prozeßtechnische Seite. Das Bild 2 zeigt, daß sich der Begriff „Fertigungsinsel" in seiner klassischen Definition nur partiell mit der Definition „Dezentraler Verantwortungsbereich" überschneidet /5/.

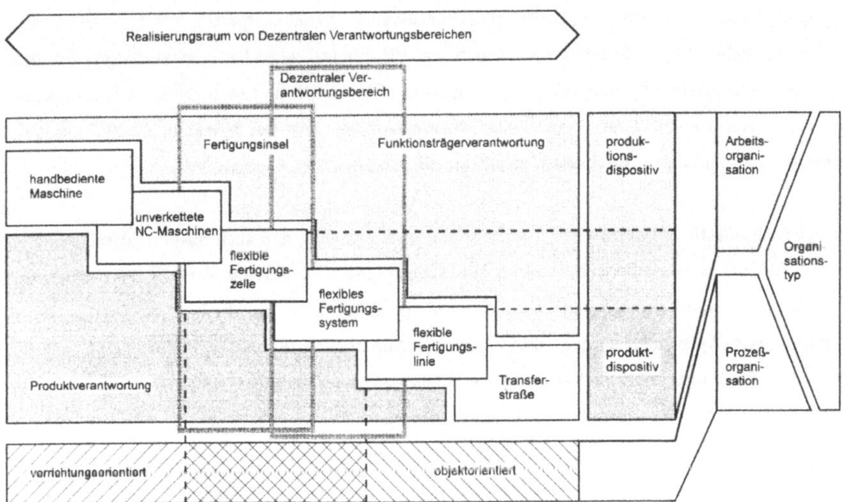

Bild 2: Einordnung von FFS-Verantwortungsbereichen in Anlehnung an /4/

Die technischen Funktionsträger in Dezentralen Verantwortungsbereichen können Flexible Fertigungssysteme, Flexible Fertigungszellen und Flexible Fertigungslinien sein. Der Begriff „Flexibles Fertigungssystem" erfuhr bisher keine allgemeingültige Vereinheitlichung, so daß sich verschiedene, meist zweckbezogen entstandene Definitionen und Bezeichnungen (z. B. Flexible Fertigungszelle, -insel, -linie) etabliert haben. Stellvertretend sei nur auf die Definitionen von Hausknecht /6/, Wirth u. a. /7/ und Hammer /8/ hingewiesen.

Im Rahmen dieser Arbeit werden Flexible Fertigungssysteme in Anlehnung an die von Ulrich, Schreibner u.a. /9/ vorgestellte Einordnung praktischer Ausführungsformen wie folgt definiert. FFS sind mindestens zwei CNC-gesteuerte Werkzeugmaschinen, vorzugsweise Bearbeitungszentren (BAZ) und gegebenenfalls weitere Einrichtungen zur Komplettbearbeitung oder -behandlung der Fertigungsaufträge, die durch den automatisierten Stoff- und Informationsfluß miteinander gekoppelt sind. Ohne Änderung der räumlichen Struktur können Werkstücke in verschiedenen Fertigungsarten weitgehend automatisch gefertigt werden. Der systeminterne Werkstückfluß ist richtungsflexibel. Lediglich bei Großserien kann der Werkstückfluß zwischen den unabhängig voneinander arbeitenden Fertigungseinrichtungen mit Zwischenpuffern auch gerichtet sein. In Abgrenzung zur Flexiblen Fertigungslinie und Flexiblen Transferstraße ist der Werkstücktransport ungetaktet aber in der Regel zeitlich abgestimmt.

Flexible Fertigungszellen (FFZ) charakterisiert im Unterschied zu FFS das Einzelmaschinenkonzept mit systemtechnischen Ergänzungen zum zeitweise bedienerarmen oder -freien Betrieb /9/. FFS lassen sich in Abhängigkeit von der Art der integrierten Werkzeugmaschinen verfahrensspezifisch in FFS zum Bohren und Fräsen, Drehen, Sägen, Schleifen usw. unterteilen /10/. Die jeweiligen Fertigungsverfahren erfordern grundlegend verschiedene Systemauslegungen und somit unterschiedliche Lösungen der Arbeitsorganisation. Aus diesem Grund wird im Rahmen der vorliegenden Arbeit eine Beschränkung auf FFS mit überwiegender Bohr- und Fräsbearbeitung mittels Bearbeitungszentren vorgenommen.

Der technisch orientierte Begriff „FFS" wird dahin gehend erweitert, daß auch mehrere einzelne FFS in einem FFS-Verantwortungsbereich integriert sein können. Diese erhalten im weiteren die Bezeichnung „FFS-Verbund", wenn sie eine ganzheitliche, rechnergeführte, logistische Einheit mit übergeordneter Werkstück- und Werkzeugversorgung und integrierter Auftragsablaufsteuerung bilden /11/. Laut Hinz und Niederhof /12/ bietet ein FFS-Verbund reale Möglichkeiten zur ganzheitlichen, systemübergreifenden Gestaltung der Arbeitsorganisation. Diesen Gedankenansatz weiterführend, zählen auch alle anderen technischen Subsysteme (z. B. Waschmaschinen, Werkzeugvoreinstellgeräte), die sich im unmittelbaren FFS-Umfeld befinden, zum FFS-Verantwortungsbereich, sofern diese überwiegend der Komplettierung und Ausführung der für das FFS zugeschnittenen Fertigungsaufgabe dienen.

Unter dem Begriff „Arbeitsorganisation" wird im Rahmen dieser Arbeit in Analogie zum Verständnis des Begriffes „NC-Organisation" von Nitzsche /13/ ein komplexes System verstanden, dessen Ordnungsstruktur den betrieblichen Arbeitsprozeß im Zusammenhang mit dem Einsatz von FFS

> „a) aufgabenmäßig strukturiert gemäß der Frage: „Wer ist wofür zuständig?"

und

> b) ablauforganisatorisch hinsichtlich der Zielereichung strukturiert gemäß der Frage:
>
> „Wie sollen die Aufgaben erfüllt werden?"..."

Dementsprechend umfaßt die „Gestaltung der Arbeitsorganisation für FFS" als wesentliche, zu bestimmende Größen die Arbeitsorganisation als solche, d. h. die Arbeitsverteilung und die Zusammenarbeit, den Personaleinsatz, den schichtartdifferenzierten FFS-Einsatz und die Auslegung des FFS-Verantwortungsbereiches. Weiterführende Erläuterungen zu diesen Gestaltungsgrößen und deren Merkmalen werden im Kapitel 5.1.1 gegeben.

2.2 Empirische Untersuchungen und Erfahrungsberichte

Die nachfolgenden Kapitel basieren auf den Erfahrungen aus Expertengesprächen mit FFS-Herstellern und -Anwendern, der Breitenerhebung und der Studie einschlägiger Fachliteratur. Diese geben einen Überblick über:

- ✎ den Entwicklungsstand des FFS-Einsatzes,
- ✎ die wesentlichsten daraus resultierenden Probleme,
- ✎ die Problemlösungsansätze und
- ✎ offene Forschungsaufgaben aus Praxissicht.

Das Kapitel 2.2.1 beinhaltet die methodischen Grundlagen und Ergebnisse der Befragung von FFS-Anwendern.

2.2.1 Breitenerhebung

Als Haupterhebungsmethode wurde die Befragung gewählt. Die Datenerhebung erfolgte in der ersten Stufe in Form einer schriftlichen Befragung. In der zweiten Stufe wurden durch mündliche Befragungen und Besichtigungen weitere 39 FFS-Einsatzfälle untersucht. Den entwickelten Erhebungsbogen mit halboffenen und geschlossenen Fragen bekamen nach dem Vortest die an der Befragung teilnehmenden Unternehmen zugesandt. Diese Teilnehmer ließen sich mittels Referenzlisten der FFS-Hersteller und Hinweisen aus der einschlägigen Fachliteratur ermitteln. Als wesentliche Auswahlkriterien dienten die überwiegend spanende Metallbearbeitung und die zahlenmäßige Dominanz von Bearbeitungszentren gegenüber anderen Bearbeitungsmaschinen (BAM) im FFS. Die gestellten Fragen gliedern sich in folgende Themenschwerpunkte:

- Angaben zum Unternehmen,

- Technologische und organisatorische Angaben zum FFS,

- Angaben zur Werkstattintegration des FFS und Auslegung des FFS-Verantwortungsbereiches sowie

- Arbeitsorganisation und Personaleinsatz in Schichtartabhängigkeit.

Von insgesamt 45 zurückgeschickten Fragebögen waren aufgrund von Unvollständigkeit und Abweichungen von dem definierten Untersuchungsfeld sechs von der weiteren Verwendung auszusondern. Die Datenbasis bilden folglich die auswertbaren Fragebögen zu 39 FFS-Einsatzfällen. Bei der mündlichen Befragung kam der bereits in der ersten Stufe eingesetzte und inhaltlich erweiterte Fragebogen zum Einsatz. Konkretisierte Kriterien zur Auswahl der zu untersuchenden FFS-Einsatzfälle sicherten die Berücksichtigung des breiten Spektrums der FFS-Einsatzmöglichkeiten sowie der Vielfalt von FFS-Herstellern und -Anwendern /14/.

Im Verlauf der ein- bis zweitägigen Untersuchungen zu 39 FFS-Einsatzfällen ergänzten die Faktenfragen auch offene Meinungs-, Einstellungs- und Motivfragen zum FFS-Einsatz, zur Historie, zur Effizienz und zur Arbeitsorganisation /15/. Die Interviews ergänzte generell die Begehung der FFS-Verantwortungsbereiche und der arbeitsorganisatorisch relevanten peripheren Bereiche. Im Interesse einer hohen Verläßlichkeit der erfaßten Aussagen umfaßte die Befragungsrunde nach Möglichkeit verschiedene Systemverantwortliche. Für die Auswertung der FFS-Einsatzfälle standen ausgefüllte Fragebögen, Beobachtungsprotokolle und ausgewählte Dokumente wie z. B. FFS-Layouts zur Verfügung.

Die weiteren Aussagen basieren somit insgesamt auf 78 untersuchten FFS-Einsatzfällen. Diese stammen von 19 FFS-Herstellern und befinden sich in 72 Unternehmen. Die FFS-Einsatzfälle setzen sich aus 66 Einzel-FFS und 12 FFS-Verbunden zusammen.

2.2.2 Auftrags- und Werkstückspezifik und deren Dynamik

Die Analyse und die investitionsseitige Berücksichtigung der Dynamik der Auftrags- und Werkstückspezifik gewannen erst vor dem Hintergrund stark schwankender Konjunkturverläufe Ende der 80er Jahre an entscheidender Bedeutung /16/. Die FFS-Anwender investierten verhaltener und überwiegend schrittweise oder nur in kleine FFS (zwei bis drei Bearbeitungszentren) /17 - 20/. Die FFS-Hersteller propagierten zunehmend den Einsatz von FFS zur wirtschaftlichen und flexiblen Großserienfertigung als Alternative zur Transferstraße /8, 21, 22/. Ebenso zeigten sie exemplarisch die Eignung von FFS zur Großteilbearbeitung in Klein- und Mittelserien auf /23 - 26/.

Wie die mündliche Breitenerhebung zeigte, ist es für FFS-Anwender oft von größter und sogar existenzieller Bedeutung, welche Auswirkungen eine zu erwartende oder eingetretene Auftragsschwankung oder Veränderung der Werkstückspezifik auf den FFS-Einsatz hat /27, 28/. Derartige Veränderungen betrafen schwerpunktmäßig:

- die Jahresstückzahlen,
- die Losgrößen,
- die Auftragswiederholhäufigkeit pro Jahr,
- die Anzahl unterschiedlicher zu bearbeitender Werkstücke,
- den Auftragsmix und
- die Anzahl von Neu- sowie Eilaufträgen.

Zum Teil mußten sich FFS-Anwender auch auf ein stark verändertes Werkstückspektrum einstellen, so z. B. auf nicht vorgesehene Abmessungen, bearbeitungs- und aufspannrelevante Geometrien, Bearbeitungsaufwände oder Qualitätsanforderungen. Nutzungsgradverluste und reduzierte FFS-Einsatzzeiten waren die offensichtlichsten Symptome fehlender oder unzureichender Flexibilität und/oder alternativer kapazitiver Auslastungspotentiale.

Die untersuchten FFS-Einsatzfälle bestätigen die bereits in zahlreichen Veröffentlichungen dokumentierte Vielfalt der Fertigungsaufgaben von FFS /29 - 30/. Als Extreme stellten sich die taktfreie aber zeitlich abgestimmte Großserienfertigung von Kleinteilen und die Einmalfertigung von Großteilen, bei der die Wiederholung der Kundenaufträge nicht absehbar ist, dar. Dazwischen lag das von Hammer /32/ als klassisch bezeichnete FFS-Einsatzgebiet. Dieses umfaßt die Bearbeitung von Werkstücken im Bereich der Einzelteil-, Klein- und Mittelserienfertigung mit Auftragswiederholungen bis zur Komplettbearbeitung bestimmter Werkstückfamilien im Bereich der Mittel- und Großserienfertigung.

2.2.3 Auslegung der FFS-Verantwortungsbereiche

Die Auslegung der FFS-Verantwortungsbereiche erfuhr in der einschlägigen Literatur anfangs nur eine sehr einseitige, primär auf die FFS-Technik und Produktionsplanung und -steuerung (PPS) beschränkte

Beachtung. Seit der Entwicklung von FFS wird ausführlich, seit zirka 1980 kontinuierlich in Jahresübersichten über den aktuellen Stand der Technik berichtet /33 - 37/. Obwohl diese auch die sich zahlreich herausbildenden, unterschiedlichen FFS-Konzeptionen und -Einsatzbereiche sowie ihre Relevanz für kleine, mittlere und große Unternehmen diskutierten, blieben in der Regel systemübergreifende, die Gesamtauslegung der FFS-Verantwortungsbereiche betreffende Themenkomplexe unangesprochen oder nur angedeutet /29, 30/.

Hinsichtlich der umfassenderen, weitgehend ganzheitlichen Auslegung der FFS-Verantwortungsbereiche sind zwei grundlegende Tendenzen zu beobachten. Die eine Entwicklung steht Ende der 80er Jahre im Zusammenhang mit der Bedeutung von FFS als Bausteine modular strukturierter rechnergeführter Gesamtkonzepte, d. h. von Computer Integrated Manufacturing (CIM) /38, 39/. Ausgehend von den zum Teil negativen Anwendungserfahrungen mit sehr komplexen FFS und Rechnerverbundsystemen setzten sich zunehmend stufenweise realisierbare FFS-Einsatzkonzepte in großen, aber auch mittleren Unternehmen durch. Die höchste Stufe, welche Hammer /11/, Viehweger /38/ u. a. als Flexibles Fertigungsverbundsystem bezeichnen, stellt einen Verbund von verschiedenen Einzel-FFS, Einzelmaschinen und manuellen Arbeitsplätzen dar. Sowohl die Literaturrecherche als auch die Breitenerhebung dokumentieren die Umsetzung derartiger Konzepte /40, 41/.

Der andere Trend resultiert aus der zunehmenden Anzahl von installierten kleinen FFS aus standardisierten Bearbeitungszentren in überwiegend kleinen und mittleren Unternehmen /31/. Gerade dieser Anwenderkreis integriert FFS überwiegend in konventionelle Werkstattstrukturen. Um die bestehenden Flexibilitätspotentiale der FFS auch tatsächlich nutzen zu können, ist die Systemautonomie durch die Dezentralisierung dispositiver und indirekter, operativer Funktionen zu sichern /42, 43/. Das bedingt eine Erweiterung der FFS-Verantwortungsbereiche durch entsprechende periphere Einrichtungen und Arbeitsplätze. Insbesondere Schmitz-Mertens /44/ und Wiegershaus /45/ setzten sich mit der steuerungsseitigen Synchronisation heterogener Fertigungsstrukturen auseinander und entwickelten in diesem Zusammenhang Vorschläge zur Auslegung der FFS-Verantwortungsbereiche.

Im Rahmen der Breitenerhebung zeigte sich, daß kleine FFS kaum autark im Einsatz sind. Vor allem die untersuchten Zweimaschinenkonzepte wurden wie Einzelmaschinen in die bestehenden Werkstattstrukturen eingefügt. Im Gegensatz dazu wiesen FFS, die der Großserienfertigung dienten, häufiger eine deutlich größere Anzahl verketteter Bearbeitungsmaschinen, Nebenmaschinen und ergänzende Arbeitsplätze auf. Es handelt sich dabei meist um sehr große und komplexe FFS-Verantwortungsbereiche (Bild 3). Im Verlauf der mündlichen Befragung bestätigte sich die Vermutung, daß die Auslegung der FFS-Verantwortungsbereiche stark von der unternehmensspezifischen Strategie und deren Durchsetzung abhängt. Damit ist erklärbar, warum FFS-Einsatzfälle mit vergleichbarer FFS-Konfiguration und Fertigungsaufgabe unterschiedlich komplexe Fertigungsbereiche aufweisen.

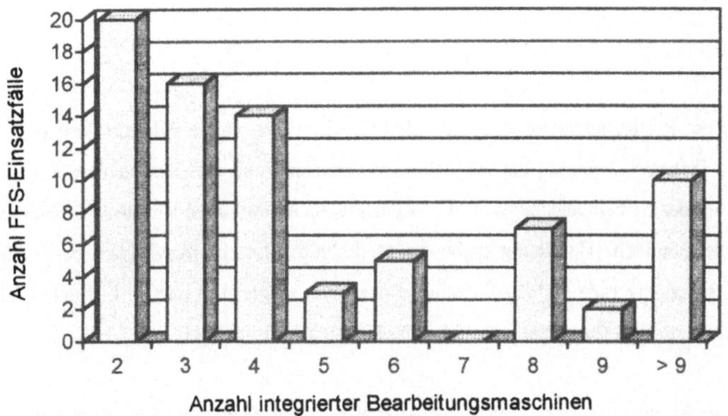

Bild 3: Anzahl der Bearbeitungsmaschinen pro FFS oder FFS-Verbund

2.2.4 FFS-Einsatzzeiten und Systemnutzungsgrad

Hirt, Reinecke und Sudkamp /31/ stellten fest, daß die Zielsetzungen der FFS-Anwender hinsichtlich der Einsatzzeiten ihrer Systeme und des dafür benötigten schichtartabhängigen Personalbedarfs zum Teil erheblich vom realen Erreichungsgrad abweichen. Die Breitenerhebung ergab, daß Unterschiede in der Auslegung der FFS-Einsatzzeiten und der Umsetzung personalreduzierter Nachtschichten bestehen müssen. Wesentliche Gründe dafür sind:

- der reale Kapazitätsbedarf,
- die Funktion des FFS hinsichtlich des Ausgleiches kapazitiver Schwankungen wie z. B. bei der Großserienfertigung und
- kapazitive Auslastungsprobleme durch entscheidende Veränderungen der Auftragslage.

Im unmittelbaren Zusammenhang mit der FFS-Einsatzzeit steht der Gesamtnutzungsgrad N_{GS} der FFS. Anhand der VDI-Richtlinie zur Auslastungsermittlung für Maschinen und Anlagen (VDI 3423) läßt sich dies gut veranschaulichen /46/.

Zur Bestimmung des Gesamtnutzungsgrades N_{GS} sind die Systemnutzungszeit T_{NS} und die Systembelegungszeit T_{BS} heranzuziehen /46/:

$$N_{GS} = \frac{T_{NS}}{T_{BS}} \times 100\% \qquad (1)$$

Dabei ist unter der Systemnutzungszeit T_{NS} die Zeit zu verstehen, während der die Maschine produziert /46/. Durch die fehlende Definition des Begriffes „produzieren" und die Entscheidungsmöglichkeit zwischen zwei Arten der Systembelegungszeit T_{BS} kann die Richtlinie unternehmensspezifisch interpretiert werden. Wie die mündliche Befragung ergab, ist es deshalb selbst bei Anwendern der VDI-Richtlinie kaum möglich, Nutzungsgrade und Ausfallzeiten objektiv zu vergleichen und zu beurteilen. Ebenso hinderlich sind reduzierte FFS-Einsatzzeiten infolge ungünstiger Auftragslagen.

Insbesondere die vorausgegangenen Nutzungsgradanalysen von Shah /47, 48/, Büdenbender, Scheller /49/ und Hammer /1/ hatten erhebliche Unterschiede im Nutzungsgrad und in den organisatorischen Ausfallraten der FFS-Einsatzfälle festgestellt. Zur Erklärung derselben veranlaßte Hammer die Untersuchung der direkten Abhängigkeiten von der Auftrags- und Werkstückspezifik, der Arbeitsteiligkeit, der zahlenmäßigen Stärke und der Qualifikation des FFS-Personals sowie der Schichtorganisation. Eindeutig interpretierbare Abhängigkeiten ließen sich jedoch nicht nachweisen /50, 51/.

Die mündliche Befragung im Rahmen der vorliegenden Arbeit ergab, daß z. B. kleine Unternehmen mit klassischer Lohnfertigung, mittelständige Unternehmen mit Einzel- und Kleinserienfertigung, Unternehmen mit Großteilbearbeitung oder Großserienfertigung für ihren FFS-Einsatzfall jeweils eigene arbeitsorganisatorische Lösungen benötigen. Bei inadäquaten Lösungen ließen sich exemplarisch Nutzunggradverluste durch hohe organisatorische Ausfallzeiten nachweisen /27, 28/.

2.2.5 Arbeitsorganisation und Personaleinsatz

Obwohl bereits zu den ersten FFS-Installationen Untersuchungen zur Arbeitsorganisation und zum Personaleinsatz durchgeführt wurden und auch breit angelegte Fallstudien folgten, steht kein geeignetes Instrumentarium zur Systematisierung der in der Praxis realisierten, unterschiedlich effizienten arbeitsorganisatorischen Lösungen zur Verfügung. Ein im Jahr 1982 abgeschlossenes, interdisziplinäres Forschungsprojekt zu 15 FFS-Einsatzfällen erbrachte für die Arbeitsorganisation unter anderem die Erkenntnis, daß zwischen der Qualität und Quantität der Tätigkeitselemente und der systemtechnischen Grundfunktionen sowie deren Automatisierungsgrad keine eindeutige Abhängigkeit besteht. Die Systemkonfiguration läßt keine unmittelbaren Aussagen über die Verknüpfung von Tätigkeitselementen und damit zu Arbeitsplätzen zu /52/.

Nach Rempp /53/ sind deshalb die Tätigkeitselemente erst im Rahmen der jeweils gewählten Arbeitsorganisation zu Tätigkeitsfeldern zu verknüpfen und dann den Arbeitskräften zu übertragen. Ebenso wie Dostal, Kamp u. a. /54/ vermutet Rempp /53/ die Dominanz der allgemein im Betrieb vorherrschenden traditionellen Arbeitsorganisation gegenüber technischen Unterschieden zwischen den FFS als Ursache für die vorgefundenen unterschiedlichen Grade der Arbeitsteilung. Als weitere Differenzierungsgründe nennt Schultz-Wild /55/ die unternehmensspezifischen Arbeitsmarktbedingungen und Regelungen des Arbeitskräfteeinsatzes sowie national verschiedene Ausbildungssysteme für Industriearbeit.

Ausgehend von diesen Erfahrungen folgte 1985 eine Studie zu in der BRD installierten Flexiblen Fertigungszellen und 83 FFS /56, 57/. Auch diese Untersuchung, welche unter anderem arbeitsorganisatorische Einsatzalternativen aufzeigen sollte, bestätigte die geringe Wahrnehmung der Chance, durch den FFS-Einsatz neue Formen der Arbeitsorganisation umzusetzen und dadurch die Tradition starrer Arbeitsteilung aufzugeben (Tab. 1). Insbesondere Zweimaschinensysteme fielen durch ihren hohen Anteil (70%) an stark arbeitsteiligem MA-Einsatz auf.

Systemgröße Grad der Arbeitsteiligkeit	Zellen		2-Maschinen- systeme		Systeme mit 3 bis 5 Maschinen		Systeme mit mehr als 5 Ma- schinen		ingesamt	
	abs.	%	abs.	%	abs.	%	abs.	%	abs.	%
stark arbeitsteilig	17	50	14	70	11	55	6	55	48	56
schwach arbeitsteilig	17	50	6	30	9	45	5	45	37	44

Tab. 1: Grad der Arbeitsteiligkeit der Systeme in Abhängigkeit von der Systemgröße (n = 85) /56/

Im Ergebnis einer Querschnittanalyse zu sieben FFS in den Bundesländern der ehemaligen DDR /58/ nannten Böger und Risch /59/ unter anderem folgende organisatorische Defizite:

- zentrale Organisationsstrukturen (u. a. hochgradige vertikale und horizontale Arbeitsteilung, Verselbständigung peripherer Bereiche),

- Orientierung auf höhere Auslastung der Maschinen ohne Berücksichtigung sozialer und ökonomischer Kriterien,

- Rationalisierungs- und Investitionsstrategien auf Insellösungen konzentriert und dadurch Organisationsbrücken zwischen FFS und betrieblichem Umfeld sowie

- traditionelle Personalstrukturen.

Aufgrund der im Rahmen der vorliegenden Arbeit gewonnenen Erfahrungen lassen sich diese Aussagen für die untersuchten FFS-Einsatzfälle in den jungen Bundesländern grundsätzlich bestätigen. Wenn auch in abgeschwächter Form und einzelne Punkte betreffend, wiesen auch andere Unternehmen ähnliche Schwachstellen auf. Als wesentliche Gründe für den geringen Durchsetzungserfolg progressiver, systemadäquater Organisationsstrukturen sind insbesondere die Tradierung alter, bestehender Strukturen in den Unternehmen und offene Fragen zu deren konkreten Überwindung zu nennen, siehe auch Böger und Risch /59/.

Die detaillierte Auswertung der Ergebnisse der Breitenerhebung zu den Schwerpunkten FFS-Einsatzzeit, Arbeitsorganisation, Personaleinsatz und Werkstattintegration der FFS zeigte, daß eine statistische Auswertung derartig komplexer und vielfältiger Erscheinungen keine Basis für die theoretische Interpretation und Erklärung bieten kann. Die von Hausknecht /6, 60/ und Hirt /61/ entwickelten Typologien zum FFS-Einsatz erwiesen sich, wie im Kapitel 2.3 erläutert, als Grundlage für eine systematische Auswertung als ungeeignet. Die Aussagekraft einer sich an einzelnen FFS-Einsatzfällen orientierenden Interpretation der Untersuchungsergebnisse ist vergleichsweise gering, weil diese den unternehmens- und einsatzspezifischen Rahmenbedingungen und Strategien hinreichend genau Rechung tragen müßte. Aus diesem Grund wird im Rahmen der vorliegenden Arbeit darauf verzichtet.

2.3 Vorhandene, theoretisch-methodische Arbeiten

Ausgehend von den im vorangegangenen Kapitel formulierten offenen Forschungsaufgaben aus der Praxissicht sollen nachfolgend die Schwerpunkte:

- ✤ bearbeitete arbeitswissenschaftliche Untersuchungsschwerpunkte,
- ✤ verfügbare theoretisch methodische Grundlagen und
- ✤ bestehende Forschungsprobleme

diskutiert werden. Die im Rahmen der Literaturstudie untersuchten wissenschaftlichen Arbeiten zeigen eine starke institutionelle und gesellschaftliche Prägung der ausgewählten Untersuchungsschwerpunkte und -methoden sowie im dafür investierten Forschungspotential. In den ehemaligen sozialistischen Ländern, insbesondere in der ehemaligen DDR waren FFS primär Prestigeobjekte. Bereits im Zusammenhang mit der Einführung von „Integrierten, gegenstandsspezialisierten Fertigungsabschnitten (IGFA)", die im wesentlichen den älteren FFS-Konzepten entsprachen, wurde mit der Entwicklung von Arbeitskräftelösungen begonnen /62 - 64/.

Dabei entstanden in mehrjähriger Arbeit folgende grundlegende Instrumentarien:

- „Komplexe arbeitswissenschaftliche Referenzlösung" mit Vorschlägen für Standardsysteme (z. B. FFS 630, FFS 800), objektanaloge und veränderte Ausführungsbedingungen /65, 66/ sowie

- „Komplexe Arbeitskräftelösung (AKL)" mit Vorschlägen zur Arbeitskräftegrund-, -grob- und -feinstruktur /59, 67, 68/.

Diese verfolgen das methodische Konzept der arbeitswissenschaftlichen Prozeßbegleitung. Die formulierten Zielgrößen, Gestaltungsgrundlagen und Bedingungen für die zu entwickelnden Bausteine stimmen inhaltlich grundsätzlich überein (Bild 4). Nach Plath, Plicht und Torke /65/ sind die angebotenen Lösungen aufeinander abgestimmt und gehen von der Gestaltung der Arbeitsaufgabe als primärer Gestaltungskomponente aus. Als das Schlüsselproblem der Arbeitsaufgabengestaltung bezeichnete Mielke /69, 70/ die „Funktionsteilung Mensch-Arbeitsmittel", weil deren Qualität und Quantität direkt Einfluß auf den Inhalt der Arbeit haben. Er wies darauf hin, daß sich die Funktion der innerbetrieblichen Arbeitsteilung beim Einsatz automatisierter Fertigungsmittel als organisatorischer Faktor erweitert und die begrenzte Leistungsfähigkeit konventioneller Muster der Arbeitsteilung immer deutlicher hervortritt.

Dieser theoretische Ansatz findet seine Umsetzung in der Entwicklung des Bausteins „Arbeitsaufgabengestaltung". Nach der Diskussion der Funktionsteilung, z. B. durch Näke /71/, entwickelten Hartmann /72/, Weidauer /73/, Risch /74/ u. a. detaillierte Kataloge mit Arbeitsfunktionen (Teilaufgaben). Diese haben jedoch in Anbetracht der fortschreitenden Entwicklung der System- und Rechentechnik inzwischen an Aktualität verloren.

Auf der Basis dieser Kataloge wurden für die einzelnen Beschäftigtengruppen des FFS-Personals unter Berücksichtigung ökonomischer, technologischer und arbeitsgestalterischer Kriterien die Kombinationsnotwendigkeiten und -möglichkeiten untersucht und Arbeitsaufgaben konstruiert /75 - 81/. Die Bildung der Arbeitsaufgaben (AA) beruhte auf der Kombination von variablen oder konstanten Grund- und Zusatzaufgaben (GA und ZA) und deren reglementierter oder frei wählbarer Ausführung, d. h. AA = GA + ZA /82/. Nach der Projektierung von Arbeitsaufgaben für die Systembediener wandten sich Langer, Sonntag /83/, Plath und Risch /84, 85/ den Arbeitsaufgaben für Systemführer zu. Die Arbeiten von Quaas /86, 87/ und Böger /88, 89/ konzentrierten sich auf die arbeitspsychologische Bewertung von Arbeitsfunktionen und -aufgaben hinsichtlich ihrer Beeinträchtigungsfreiheit und Persönlichkeitsförderlichkeit.

<table>
<tr><td colspan="2" align="center">FLEXIBLES FERTIGUNGSSYSTEM - AUFBAU- UND ABLAUFORGANISATION</td></tr>
<tr>
<td valign="top">

1. Aufgabengestaltung

- <u>Zielgröße</u>: Vollständige Tätigkeiten
- <u>Gestaltungsgrundlage</u>: Funktionsstrukturierung
- <u>Bedingungen</u>: Ausführbarkeit zum technologisch notwendigen Zeitpunkt, Berücksichtigung paralleler Eingriffserfordernisse ...

</td>
<td valign="top">

4. Ausbildungsgestaltung

- <u>Zielgröße</u>: Aufgabenspezifische Qualifikation
- <u>Gestaltungsgrundlage</u>: Ermittlung aufgabenspezifischer Qualifikationsinhalte zur dialogorientierten Arbeitsweise, Störungsbehebung, Organisationsverhalten u. a.
- <u>Bedingungen</u>: Bereitstellung effektiver Formen der Ausbildung ...

</td>
</tr>
<tr>
<td valign="top">

2. Entwicklung prozeßorientierter Organisationslösungen

- <u>Zielgröße</u>: Kollektive Arbeitsform mit flexibler Arbeitsteilung
- <u>Gestaltungsgrundlage</u>: Integration von Funktionen aus Produktionshaupt- und hilfsprozessen
- <u>Bedingungen</u>: Kollektivinterne und -externe Beziehungen, Kollektivzusammensetzung

</td>
<td valign="top">

5. Entwicklung der Layoutlösungen

- <u>Zielgröße</u>: Prozeßbezogene Funktionsbereiche mit Orientierungswert für die Auslegung von Arbeitsplätzen
- <u>Gestaltungsgrundlage</u>: Aufgabengestaltung, Organisationslösungen ...
- <u>Bedingungen</u>: Flexible Organisationsfähigkeit in und zwischen den Teilsystemen, Berücksichtigung hard- und softwareseitiger Schnittstellen Mensch-Rechner-Kommunikation

</td>
</tr>
<tr>
<td valign="top">

3. Entwicklung bzw. Präzisierung von Arbeitskräftelösungen

- <u>Zielgröße</u>: Vermeidung von Über- und Unterbesetzung
- <u>Lösungsgrundlage</u>: Relationen von Arbeitskräfteauslastung und Systemverfügbarkeit ...
- <u>Bedingungen</u>: Befähigung und Bereitschaft zur Arbeit im FFS ...

</td>
<td valign="top">

6. Entwicklung effektivitätswirksamer Formen der Leistungsstimulierung

- <u>Zielgröße</u>: Systemadäquate Leistungskennziffern und Lohnformen
- <u>Entwicklungsgrundlage</u>: Ermittlung und Bewertung tätigkeitsabhängiger Einflußmöglichkeiten auf das Arbeitsergebnis
- <u>Bedingungen</u>: Kollektive Formen der Arbeitsorganisation

</td>
</tr>
</table>

Bild 4: Arbeitswissenschaftliche Aufgabenstellungen für FFS in Anlehnung an /65/

Entscheidend für die Entwicklung des zweiten Bausteins „Grundlagen zur Gestaltung prozeßorientierter Organisationslösungen" war in der ehemaligen DDR die Zielgröße „Kollektive Formen der Arbeit". Als Alternativen zu individuellen Formen der Arbeit sahen Ehlert, Hartmann u. a. /90/ die kollektive Mehrmaschinenbedienung (KMMB) mit homogenen Kollektivstrukturen und das Fertigungskollektiv im Sinne einer teilautonomen Gruppe mit homogener oder heterogener Struktur. Hirthammer /91/ entwickelte in Abhängigkeit vom Integrationsgrad peripherer Prozesse in den Hauptprozeß Algorithmen zur rechnergestützten Auswahl kollektiver Formen der Arbeit. Ehlert /92/ ergänzte diese in Abhängigkeit vom Automatisierungsgrad. Der hohe Grad der Abstraktion und Idealisierung schränkt die Praktikabilität dieser Gestaltungsvorschläge maßgeblich ein.

Auch in der westlichen Literatur sind ähnlich extreme Zielformulierungen, wie z. B. bei Seliger /93/ mit der Forderung nach Systemmannschaften mit Universalqualifikation für allumfassende Systemarbeitsaufgaben, vertreten. Obwohl sich u. a. auch Plath, Plicht und Torke /94 - 96/ bereits mit speziellen Fragen der organisatorischen Gestaltung von Einarbeitungsprozessen auseinandersetzten, stellt Schmicker /97/ im Jahr 1989 das Fehlen konkreter, praxisnaher Gestaltungsvorschläge fest. Besonders hervorzuheben ist deshalb der von Plath, Plicht und Torke /98/ veränderte Analyse- und Gestaltungsansatz. Bei diesem erhielten die Analyse und Gestaltung „effektiver" Organisationsformen die oberste Priorität. Die beispielhaft hergeleiteten Organisationstypen berücksichtigten, daß aus Gründen der Sicherung eines effektiven Systembetriebes, eine hohe Anpassung an strukturelle und funktionale Merkmale des Systems, wie z. B. Größe, Ausrüstungsstruktur, Automatisierungsgrad, informelle Kopplungen und Eingriffserfordernisse, notwendig ist.

Für die „Entwicklung bzw. Präzisierung von Arbeitskräftelösungen", d. h. die Bestimmung der MA-Anzahl pro Beschäftigtengruppe, überarbeiteten Gericke, Naumann /99/ das von einem Autorenkollektiv entwickelte Rechenprogramm zur Quantifizierung des Arbeitsaufwandes in flexiblen Fertigungen /67, 82/. Sie mußten jedoch feststellten, daß für die konkrete Bestimmung des Personalaufwandes mittels der bis dto. angewandten analytischen Methoden die notwendigen detaillierten Aussagen über die zeitliche Bindung der MA im FFS nicht gewonnen werden konnten /99/. Aus diesem Grund schlugen sie Lösungsansätze zur Simulation von Arbeitsabläufen in FFS vor, welche auch die Berücksichtigung verschiedener Betriebszustände gestatten sollten /100/. Auch Plath, Plicht, Torke /98/ suchten nach Simulationsmöglichkeiten für die Präzisierung der MA-Anzahl und die Entwicklung von Organisationslösungen. Sie verwiesen auf die Notwendigkeit von einsatzfallspezifischen Echtzeitanalysen im Probebetrieb und im anfänglichen Dauerbetrieb /98/.

Ausgehend von der Einheit der Arbeits- und Ausbildungsgestaltung beinhaltet der Baustein „Ausbildungsgestaltung" die Grundlagen zur arbeitsaufgabenspezifischen Qualifikation /65/. Vor allem westdeutsche Forschungseinrichtungen widmeten sich in Zusammenarbeit mit den FFS-Herstellern diesen Forschungsschwerpunkt /101 - 103/. Sonntag dokumentierte exemplarisch die konkreten FFS-einsatzbedingten Anforderungen an die Gestaltung beruflicher Ausbildungskonzepte /104, 105/. Lediglich er berücksichtigte dabei angemessen den Zusammenhang zwischen Arbeitsaufgaben, Organisation und Qualifikation.

Die „Entwicklung von Layoutlösungen" konzentrierte sich vorerst auf den methodischen Ablauf zur Arbeitsplatzbildung /106/. Beispielhaft strukturierte Nürnberg /107/ die Funktionsbereiche für den Werkstückspannprozeß und Steinbach /108, 109/ für den Steuerungsprozeß in Leitständen /110, 111/. Im Jahr 1991 stellte Steinbach /109/ ein methodisches Konzept zur Entwicklung von Komplexarbeitsplätzen vor, welches von der gezielten layoutbezogenen Anordnung der einzelnen Bedienstellen unter Einbeziehung peripherer Prozesse ausgeht.

Fragen des Entgeltsystems, d. h. der „Entwicklung effektiver Formen der Leistungsstimulierung" für das FFS-Personal und die MA peripherer Fachbereiche, wurden in der Fachliteratur nur unzureichend diskutiert. Trotz der häufig formulierten Forderung nach Prämienentlohnung für gruppenorientierte Arbeit an FFS fehlen praktikable Entscheidungs- und Gestaltungshilfen für die FFS-Anwender. An dieser Stelle ist deshalb besonders auf die Arbeit von Fremmer /112/ zur Prämienentlohnung für die MA eines FFS-Verantwortungsbereiches für die Großteilbearbeitung zu verweisen.

Auf die Untersuchung der „Werkstattintegration von FFS", konzentrierten sich vorerst ausschließlich westdeutsche Forschungseinrichtungen. Ausgehend von der, durch Eversheim, Herrmann, Müller /113/ formulierten, aktiven und bestimmenden Rolle des Menschen in der automatisierten Produktion entstanden seit zirka 1988 Forschungsarbeiten zur Gestaltung der rechnerintegrierten Fertigung. Schmitz-Mertens /44/ lieferte mit seinem Steuerungskonzept einen entscheidenden Beitrag zur Integration flexibel automatisierter Fertigungssysteme (FFS und Flexible Fertigungszellen) in klein- und mittelständigen Unternehmen der Einzel- und Kleinserienfertigung. In Fortführung dieser Arbeit entstand eine Methode zur Synchronisation heterogener Fertigungsstrukturen /45/, d. h. zur organisatorischen Integration von FFS in konventionelle Werkstattstrukturen /42/. Arbeitsorganisatorische Fragestellungen wurden jedoch nur peripher behandelt.

Lediglich Hirt /61/ entwickelte, ausgehend von einer FFS-Typologie mit dem speziellen Untersuchungsziel der Anforderungsableitung, für die Produktionsplanung und -steuerung (PPS) unter anderem auch typspezifische, arbeitsorganisatorische Gestaltungsvorschläge. Bei der differenzierten Analyse seiner Vorschläge und dem Versuch der Nachnutzung für die systematische Auswertung der im Rahmen der Breitenerhebung untersuchten 78 FFS-Einsatzfälle zeigte sich, daß die FFS-Typologie primär zur Gestaltung von PPS-Systemen ausgelegt war.

Im Jahr 1990 stellten Risch, Naumann, Reif u. a. /114/ Automatisierungstypen und deren adäquaten Arbeitskräftestrukturen in Form der „Grundstruktur/Typlösung" vor. Eine wissenschaftliche Herleitung der typbildenden Merkmale als auch der Typen selbst erfolgte jedoch nicht. Die gebildeten fünf Typen stehen meist im Widerspruch zu den Erfahrungen aus der Breitenerhebung für die vorliegende Arbeit.

2.4 Zielsetzung und Vorgehensweise

Ausgehend von den in den vorangegangenen Kapiteln dargestellten Praxisproblemen und theoretisch-methodischen Defiziten lautet das Ziel der vorliegenden Arbeit, für betriebliche Organisationsplanerinnen und -planer eine Orientierungs- und Entscheidungshilfe zur Ermittlung anforderungsgerechter Arbeitsorganisationslösung für FFS-Verantwortungsbereiche zu entwickeln. Dabei soll der Schwerpunkt auf der Neuplanung und Reorganisation der FFS-Verantwortungsbereiche und deren Integration in das betriebliche Umfeld liegen.

Das zu entwickelnde Instrumentarium soll ausgehend von wirtschaftlichen, praxisrelevanten FFS-Einsatzmöglichkeiten auf breiter Basis verwendbar sein. Dementsprechend gilt es zunächst eine Eingrenzung der zu betrachtenden FFS-Einsatzmöglichkeiten (-fälle) und damit zugleich des Geltungsbereiches des Instrumentariums vorzunehmen. Ergänzend zur im Kapitel 2.1 vorgenommenen Definition der Begriffe „FFS" und „FFS-Verantwortungsbereich" wird folgende Eingrenzung vorgenommen:

- überwiegend spanende Metallbearbeitung im FFS,
- zahlenmäßige Dominanz von Bearbeitungszentren gegenüber Dreh- oder Sonderbearbeitungsmaschinen im FFS,
- Normalbetrieb des FFS (Erprobungs- und Einlaufphase ausgeklammert),
- wirtschaftliche FFS-Nutzung durch Erfüllung der Fertigungsaufträge und nicht durch Schulungs-, Demonstrations- und Versuchsaufgaben und
- ausgenommen sind Aufträge aus speziellen Marktsegmenten mit atypischem Kundenverhalten, z. B. Rüstungsindustrie.

In der betrieblichen Realität ist jedoch nicht immer eine strikte Abgrenzung der Erscheinungsformen des FFS-Einsatzes möglich. In diesen Fällen entscheidet der dominante FFS-Einsatzfall über die Gültigkeit des Instrumentariums. Damit das zu entwickelnde Hilfsmittel der Zielsetzung gerecht werden kann, muß es die Forderungen nach weitgehender Neutralität gegenüber der Branche und der Unternehmensgröße des FFS-Anwenders, Reproduzierbarkeit, Praktikabilität sowie effizienter Einsetzbarkeit erfüllen.

Die systematische Ermittlung der maßgebenden Anforderungen an die Arbeitsorganisation für einen FFS-Verantwortungsbereich wird durch eine Vielzahl zu berücksichtigender, einsatzfallspezifischer Einflußkriterien und deren Größen erschwert. Aus diesem Grund ist es erforderlich, ein Modell zur vereinfachten Abbildung der mehrdimensionalen Sachverhalte zu entwickeln.

Nach Friedrichs /115/ stellt die Klassifizierung als Methode zur Einteilung der Untersuchungsobjekte aufgrund ihrer wesentlichen Merkmale und deren Ausprägungsmöglichkeiten die Forderungen nach Eindeutigkeit, Ausschließlichkeit und Vollständigkeit. Kann diesen nicht entsprochen werden, dann ist die Klassifikation unvollständig und entspricht einer Typologie. Für ähnliche Zielsetzungen wendeten deshalb z. B. Nitzsche /13/ und speziell zur Erfassung und Kategorisierung der FFS-Einsatzformen Hausknecht /60/, Hirt /61/ sowie Risch, Naumann u. a. /114/ erfolgreich die Typologisierung an (vgl. Kap. 2.3).

Im Rahmen der vorliegenden Arbeit wird deshalb ebenfalls auf die Typologisierung zurückgegriffen. Die Auswertung der Breitenerhebung ergab, daß die Vielfalt der Erscheinungsformen nicht vollständig erfaßbar ist. Zugleich ist durch eine Beschränkung auf typische Erscheinungsformen die angestrebte gute Handhabbarkeit des Modells erreichbar. Die Grundstruktur des typologischen Modells zur Ermittlung der FFS-einsatzfallspezifischen Anforderungen an die Arbeitsorganiation und den Personaleinsatz wird im folgenden anhand der Gesamtvorgehensweise erläutert (Bild 5).

Als Ausgangspunkt werden im Kapitel 3 die wichtigsten Teilaufgaben (TA), anhand derer sich die Anforderungen an die Systemarbeitsaufgaben unabhängig von der bereichsinternen und -übergreifenden Arbeitsteilung und -organiation beschreiben lassen, definiert.

Durch Abstraktion und Kategorisierung einzelner Erscheinungsformen des FFS-Einsatzes lassen sich anschließend die typbildenden (typologischen) Merkmale auswählen und die anforderungsseitig relevanten Merkmalsausprägungen differenzieren. Die Analyse der Auswirkungen der Merkmalsausprägungen auf die Systemarbeitsaufgabe anhand der einzelnen Teilaufgaben schließt diesen Arbeitsschritt ab.

Unter Verwendung der komplexen, typologischen Merkmale wird im Folgeschritt ein typologisches Grundmuster mit reproduzierbaren Merkmalsausprägungen erstellt. Die Festlegung der typbildenden Ausprägungsbereiche erfolgt auf deduktiv-definitorische Weise, d. h. erfahrungsbasiert und primär untersuchungszielorientiert.

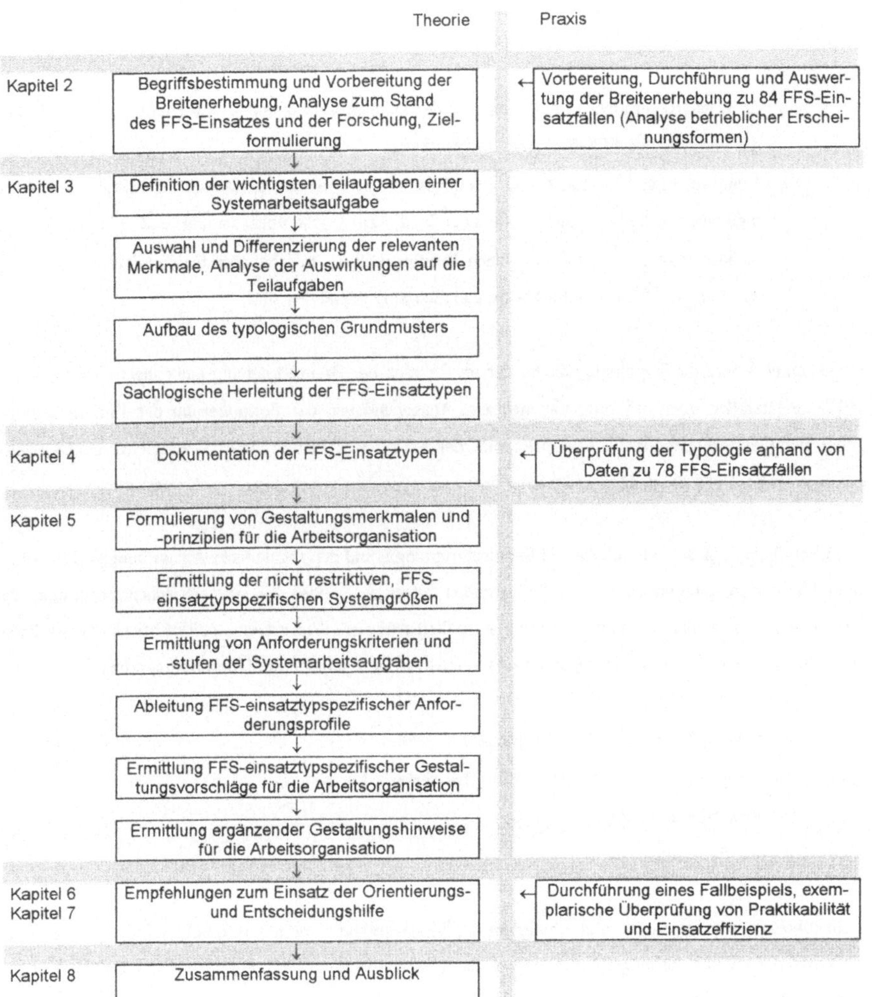

Bild 5: Vorgehensweise im Rahmen der Arbeit

Den letzten Arbeitsschritt im Kapitel 3, bildet die Herleitung der FFS-Einsatztypen. Dabei wird gemäß Große-Oertinghaus /116/ durch „Intuition und Konstruktion" anhand der im Rahmen der Breitenerhebung und Literaturstudie gewonnenen Erfahrungen zum FFS-Einsatz sowie zur Gestaltung der Arbeitsorganisation und des Personaleinsatzes vorgegangen. Die Methode der sachlogischen Herleitung wurde als Vorgehensweise gewählt, weil:

- es in der Regel nicht möglich ist, vor der Datenerhebung und -auswertung die Sinnfälligkeit des untersuchten FFS-Einsatzes zu beurteilen,
- keine ausreichende statistische Grundgesamtheit von repräsentativen FFS-Einsatzfällen gemäß Untersuchungsbereich vorliegt (z. B. FFS zur Großteilbearbeitung) und
- insbesondere bei einer schriftlichen Breitenerhebung falsche oder fehlende Antworten z. B. aus Vertraulichkeitsgründen nicht gänzlich auszuschließen sind.

Im Kapitel 4 wird die Typologie anhand der im Rahmen der Breitenerhebung gewonnenen Daten zu 78 FFS-Einsatzfällen überprüft und dokumentiert. Ausgehend von der Formulierung der FFS-einsatztyp-neutralen Gestaltungsmerkmale und -prinzipien der Arbeitsorganisation für FFS-Verantwortungsbereiche werden im Kapitel 5 die nicht restriktiven FFS-einsatztypspezifischen Systemgrößen ermittelt.

Auf der Grundlage der entwickelten FFS-Einsatztypologie und der abgeleiteten Auswirkungen der einzel-nen Merkmalsausprägungen auf die Teilaufgaben gilt es ein Modell zur systematischen Ermittlung der Anforderungen an die Systemarbeitsaufgabe zu konstruieren. Wie arbeitsorganisatorisch diesen FFS-einsatztypspezifischen Anforderungen zu entsprechen ist, wird anhand der Gestaltungsgrößen:

- schichtartdifferenzierter FFS-Einsatz,
- Auslegung des FFS-Verantwortungsbereiches,
- Arbeitsorganisation
- und Personaleinsatz

schrittweise erarbeitet. Aus Gründen eines für die Betriebsorganisatoren und -organisatorinnen rationellen Zugriffs auf die für sie zutreffenden FFS-einsatztypspezifischen Gestaltungsvorschläge sollen diese in autonomen, jedoch inhaltlich und formal gleichartig strukturierten Unterkapiteln zusammengefaßt wer-den. Für die Modifizierung dieser Gestaltungsvorschläge bei Mischtypen, FFS-Einsatztypen mit extremen Merkmalsausprägungen und FFS mit restriktiven Systemgrößen sind anschließend ergänzende Hinweise zu ermitteln.

Die Kapitel 6 und 7 enthalten Empfehlungen zum Einsatz der entwickelten Orientierungs- und Entschei-dungshilfe in der Praxis sowie das Fallbeispiel. Den inhaltlichen Abschluß der Arbeit bilden im Kapitel 8 die Zusammenfassung und der Ausblick auf weiterführende Aufgabenstellungen.

3 Typologie zur Beschreibung des FFS-Einsatzes

Als methodisches Vorgehen bei der Entwicklung einer Typologie hat sich laut Hirt /61/ die Reihenfolge:

- ✎ Beschreibung der Aufgabenstellung der Typologie,
- ✎ Bestimmung der typbildenen Merkmale und deren Ausprägungen, (vgl. Kap. 3.2 und 3.3),
- ✎ Herleitung der FFS-Einsatztypen (vgl. Kap. 3.4 und 3.5) sowie
- ✎ Überprüfung und Darstellung der FFS-Einsatztypen (vgl. Kap. 4)

bewährt. Im konkreten Untersuchungsfall ist es erforderlich, vorab die zur Beschreibung der Anforderungen an die Systemarbeitsaufgaben wichtigsten Teilaufgaben zu definieren.

Das allgemeine Untersuchungsziel der typologischen Arbeit ist die Bestimmung und Dokumentation repräsentativer Typen des FFS-Einsatzes innerhalb des im Kapitel 2.4 definierten Untersuchungsbereiches unter Beachtung der dto. formulierten Anforderungen. Das spezielle Untersuchungsziel besteht darin, daß die Typologie die Grundlage für die Bestimmung der Anforderungen und Gestaltungsvorschläge für effiziente Arbeitsorganisations- und Personaleinsatzlösungen bieten soll.

3.1   Definition der Teilaufgaben

Für die differenzierte inhaltliche und anforderungsseitige Beschreibung von Systemarbeitsaufgaben ist eine überschaubare Anzahl von anforderungsneutralen Teilaufgaben zu definieren. In Anbetracht der möglichen Vielfalt und Differenziertheit ist eine Beschränkung auf die wichtigsten, praxisrelevanten Teilaufgaben vorzunehmen. Das Ziel der zweckorientierten Definition von Teilaufgaben besteht folglich darin, die wesentlichen Bestandteile der ganzheitlich betrachteten Systemarbeitsaufgabe zu erfassen. Die Teilaufgaben sollen eindeutig, ausreichend differenziert, homogen, anschaulich, aktuell und allgemein gültig für den Untersuchungsbereich sein.

Die kritische Analyse der im Kapitel 2.4 vorgestellten Instrumentarien zur Gestaltung von Arbeitsaufgaben ergab, daß aufgrund zu hoher /68, 82 / oder zu geringer Differenzierungsgrade /61/ eine Verwendung nicht möglich ist. Das Bild 6 gibt einen Überblick über die deshalb untersuchungsspezifisch neu definierten Teilaufgaben 1 bis 17. Im Interesse der Reproduzierbarkeit und Praktikabilität befindet sich im Anhang 10.1 die verbale Beschreibung aller Teilaufgaben.

<table>
<tr><td colspan="2" align="center">SYSTEMARBEITSAUFGABE</td></tr>
</table>

TA 1	Fertigungsaufträge vor- bereiten		TA 10	Werkstücke spannen oder palettieren
TA 2	Fertigungsaufträge ein- planen		TA 11	Werkstücke entgraten und reinigen
TA 3	Fertigungsaufträge steuern		TA 12	TA an Nebenmaschinen und -arbeitsplätzen
TA 4	FFS wieder in Betrieb nehmen		TA 13	Werkstücke prüfen und beurteilen
TA 5	Aufträge einfahren		TA 14	Eingreifen bei Qualitäts- abweichungen
TA 6	Umrüsten bei Auftrags- wechsel		TA 15	Instandhalten und warten
TA 7	Werkzeugwechsel vor- und nachbereiten		TA 16	FFS umfassend reinigen
TA 8	Werkzeuge wechseln bei Auftragswechsel		TA 17	FFS-Personal planen und führen
TA 9	Werkzeuge wechseln bei Verschleiß und Bruch			

Bild 6: Zusammenfassung der wichtigsten Teilaufgaben (TA) einer Systemarbeitsaufgabe

3.2 Bestimmung der typologischen Merkmale

Den typologischen Arbeiten von Hausknecht /60/, Hirt /61/ sowie Risch, Naumann u. a. /114/, deren allgemeines Untersuchungsziel die Bestimmung von FFS-Typen war, ist gemein, daß die typologischen Merkmale aufgrund einer generell fehlenden Systematik zu deren Herleitung erfahrungs- und zielorientiert ausgewählt wurden. Die zum Teil erheblichen Unterschiede zum speziellen Untersuchungsziel und -bereich der vorliegenden Arbeit gestatten keinen Rückgriff auf die Merkmale dieser Typologien. Von den Erfahrungen der Breitenerhebung und in der Literatur beschriebenen FFS-Einsatzfällen ausgehend, lassen sich die vorgefundenen Erscheinungsformen des FFS-Einsatzes abstrahieren. Das Ergebnis des Erkenntnisprozesses sind folgende komplexe Merkmale:

- Merkmal A: Kundenauftrag
- Merkmal B: Fertigungsauftrag,
- Merkmal C: Fertigungsart,
- Merkmal D: Mengenabhängigkeit und
- Merkmal E: Werkstückgröße.

3.3　Analyse der typologischen Merkmale und ihrer Auswirkungen

Die folgenden Kapitel beschreiben die den typologischen Merkmalen zugrunde liegenden Sachverhalte und Zusammenhänge. Die damit verbundenen qualitativen Differenzierungen der Merkmalsausprägungen ergänzen Ausführungen zu den sich daraus ergebenden Auswirkungen auf die Systemarbeitsaufgabe.

3.3.1　Merkmal A: Kundenauftrag

Das Merkmal Kundenauftrag beschreibt das vereinbarte Verhältnis zwischen dem FFS-Verantwortungsbereich und seinen Kunden. Dabei können Kunden unternehmensexterne Auftraggeber sein, die einen Auftrag zur Lohnfertigung für den FFS-Verantwortungsbereich erteilen. Ebenso kann die unternehmensinterne Produktion oder das Lager die Beauftragung des FFS-Verantwortungsbereiches veranlassen.

Zur Differenzierung der Ausprägungen des Merkmales Kundenauftrag sind die Art des Kundenbedarfes, die Art der Liefervereinbarung und die Lebensdauer pro Werkstück maßgebend. Ein kontinuierlicher Bedarf liegt beim Kunden vor, wenn regelmäßig über einen längeren Zeitraum, d. h. in der Regel täglich oder wöchentlich und meist länger als ein Jahr, eine bestimmte Anzahl eines Werkstückes benötigt wird. Im Gegensatz dazu bedeutet der einmalige Bedarf, daß der Kunde nur zu einem definierten Termin oder mehreren Terminen einen bestimmten Mengenbedarf an einem Werkstück hat. Dieser Kunde bestellt deshalb mittels Einzelauftrag und im Bedarfsfall mittels Wiederholauftrag, der eine neue Terminierung und Bestellmenge beinhaltet. Bei einem kontinuierlichen Bedarf ist der Abschluß von Rahmenaufträgen sinnvoll, denn dadurch sind die Verhandlungsaufwände und das Lieferrisiko minimierbar.

Die Größe der Lebensdauer pro Werkstück steht in direktem Zusammenhang mit der Produktlebensdauer. Für den FFS-Einsatz ist es von maßgebender Bedeutung, ob die Lebensdauer verläßlich bekannt und wie lang dieselbe ist /60/. Unter Verwendung der drei genannten Größen lassen sich die in Bild 7 dargestellten Ausprägungen des Merkmales Kundenauftrag herleiten.

KUNDENAUFTRAG A	
A.a Bestellung innerhalb von Rahmenaufträgen	A.b Bestellung mittels Einzelaufträgen
Größen: 1) - Art des Kundenauftrages 2) - Art der Liefervereinbarung 3) - Lebensdauer pro Werkstück	
zu 1) – kontinuierlicher (tag- oder wochenweiser) Bedarf an Werkstücken in schwankender Menge für meist länger als ein Jahr zu 2) – innerhalb der Rahmenaufträge auf Lieferabruf Werkstücke in Transportlosen bereitzustellen oder anzuliefern zu 3) – bekannte meist ein- bis mehrjährige Lebensdauer pro Werkstück	zu 1) – einmaliger Bedarf an einer bestimmten Menge zu definiertem Termin oder Terminen zu 2) – Werkstücke entsprechend Einzel- oder Wiederholaufträgen in Transportlosen bereitzustellen oder anzuliefern zu 3) – meist unbekannte Lebensdauer pro Werkstück

Bild 7: Merkmalsausprägungen des Kundenauftrages

Als Grundlage zur Ableitung der unterschiedlichen Auswirkungen der Ausprägungsmöglichkeiten des Kundenauftrages auf die Arbeitsorganisation und den Personaleinsatz sind die Einflußkriterien, Spielräume zur Auftragsvorbereitung , Stabilität des Produktionsprogrammes und auftragsbezogene Investitionsentscheidung heranzuziehen. Die maßgebenden Veränderungen der Einflußkriterien in Abhängigkeit von den Merkmalsausprägungen A.a und A.b faßt Tabelle 2 zusammen.

Merkmalsausprägung Einflußkriterium	A.a Bestellung innerhalb von Rahmenaufträgen	A.b Bestellung mittels Einzelaufträgen
Spielräume zur Auftragsvorbereitung	langer Vorlauf	kurzer Vorlauf eingeschränkt
Stabilität des Produktionsprogrammes	meist nur Aktualisierung	laufende Änderung
Auftragsbezogene Investitionsentscheidungen	sichere Bezugsbasis	unsichere Bezugsbasis

Tab. 2: Auswirkungen der Merkmalsausprägungen von A auf die organisatorischen Einflußkriterien

Anhand der wichtigsten Teilaufgaben läßt sich der Einfluß des Kundenauftrages auf die Systemarbeitsaufgabe als Grundlage für die adäquate Gestaltung der Arbeitsorganisation und des Personaleinsatzes aufzeigen. Einen Überblick über die betroffenen Teilaufgaben und die jeweils zum Tragen kommenden Einflußkriterien gibt die Tabelle 3.

Einflußkriterium Teilaufgabe	Spielräume zur Auf- tragsvorbereitung	Stabilität des Produk- tionsprogrammes	Auftragsbezogene Investi- tionsentscheidung
1 Fertigungsaufträge vorbereiten	x	x	x
5 Aufträge einfahren	---	x	---
11 Werkstücke entgra- ten und reinigen	---	x	x
12 Arbeit an Nebenar- beitsplätzen	---	x	x
13 Werkstücke prüfen und beurteilen	---	x	x

Legende: x   große Auswirkungen   ---   keine oder geringe Auswirkungen

Tab. 3: Einfluß des Kundenauftrages auf die Teilaufgaben

3.3.2 Merkmal B: Fertigungsauftrag

Der Fertigungsauftrag bezeichnet in Abgrenzung zum Kundenauftrag dessen Umsetzung für den FFS-Verantwortungsbereich. Dieser sagt aus, ob die direkte Beauftragung, Auftragseinplanung und Abarbeitung kontinuierlich, entsprechend täglicher Stückzahlabrufe oder in Auftragslosgrößen erfolgt. Die Art der Liefervereinbarung für den Fertigungsauftrag ist analog zum Merkmal Kundenauftrag eine differenzierende Größe. Die Art der Auftragsabarbeitung bezieht sich auf den FFS-Verantwortungsbereich und gestattet den direkten Vergleich mit der Art des Kundenbedarfes. Als Konsequenz ergeben sich daraus die Merkmalsausprägungen in Bild 8.

FERTIGUNGSAUFTRAG B	
B.a Fertigung auf Bestellung innerhalb von Rahmenver- einbarungen	B.b Fertigung auf Bestellung mittels Einzelaufträgen
Größen: 1) - Art der Auftragsabarbeitung 2) - Art der Liefervereinbarung	

zu 1)
– kontinuierliche (tag- oder wochenweise) Erfüllung
   der Stückzahlabrufe durch interne Beauftragung
 	
zu 2)
– Werkstücke entsprechend aktuellen Stückzahlab-
   rufen in Transportlosen bereitzustellen oder anzu-
   liefern
	zu 1)
	– losweise Auftragsabarbeitung bis zum spätesten
	   Liefertermin durch interne Beauftragung
	
	zu 2)
	– Werkstücke entsprechend Einzel- oder Wiederhol-
	   aufträgen in Transportlosen bereitzustellen oder
	   anzuliefern

Bild 8: Merkmalsausprägungen des Fertigungsauftrages

Wie bereits im Kapitel 3.3.1 erwähnt, sind im Idealfall Kunden- und Fertigungsauftrag identisch. Die Auswirkungen auf die Arbeitsorganisation und den Personaleinsatz sind dementsprechend eng miteinander verflochten. Anhand der Einflußkriterien in Tabelle 4 lassen sich die jeweiligen Auswirkungen der Merkmalsausprägung aufzeigen.

Merkmalsausprägung Einflußkriterium	B.a Fertigung auf Bestellung innerhalb von Rahmenaufträgen	B.b Fertigung auf Bestellung mittels Einzelaufträgen
Vorbereitungsaufwand für die Aufträge	umfaßt alle aktuellen Aufträge	umfaßt nur Einzelauftrag
Programmplanungsaufwand für die Aufträge	geringes Abstimmungserfordernis	stetes, immer wieder von vorn beginnendes Abstimmungserfordernis
Flexibilität der Fertigungsmittel und -hilfsmittel	mengenorientiert	werkstück- und mengenorientiert

Tab. 4: Auswirkungen der Merkmalsausprägungen von B auf die organisatorischen Einflußkriterien

Die Merkmalsausprägungen des Fertigungsauftrages B.a und B.b variieren im wesentlichen die Anforderungen an die in Tabelle 5 genannten Teilaufgaben.

Einflußkriterium Teilaufgabe	Vorbereitungsaufwand für die Aufträge	Programmplanungs-aufwand für die Aufträge	Flexibilität der Fertigungs-mittel und -hilfsmittel
1 Fertigungsaufträge vorbereiten	x	---	x
2 Fertigungsaufträge einplanen	---	x	---
6 Umrüsten bei Auftragswechsel	x	x	x
7 Werkzeugwechsel vor- u. nachbereiten	---	x	---
8 Werkzeugwechsel auftragsbedingt	x	---	x

Legende: x   große Auswirkungen   ---   keine oder geringe Auswirkungen

Tab. 5: Einfluß des Fertigungsauftrages auf die Teilaufgaben

3.3.3 Merkmal C: Fertigungsart

Das Merkmal Fertigungsart charakterisiert in Anlehnung an Schomburg /117/ die Häufigkeit der Leistungswiederholung im Produktionsprozeß. Das Bild 9 zeigt die in der einschlägigen Fachliteratur beschriebene Spanne der Fertigungsarten. Auf eine schärfere, sachlogische oder quantifizierte Abgrenzungen der einzelnen Merkmalsausprägungen wurde aufgrund weiterer komplexer Einflüsse verzichtet /118 - 120/.

Einmal-fertigung	Einzel- und Klein-serienfertigung	Serienfertigung	Massen-fertigung	
gering	gering	gering bis groß	sehr groß	Auflagenhöhe der Fertigungsaufträge
nicht vorhanden	gering bis groß	groß	unendlich groß	Wiederholhäufigkeit gleicher bzw. fast gleicher Fertigungsobjekte

Bild 9: Ausprägungen der Fertigungsart für Betriebstypen in Anlehnung an Schomburg /117/

Die Merkmalsdifferenzierung für die Beschreibung des FFS-Einsatzes erfolgt anhand der werkstückbezogenen Größen Stückzahl und Auftragswiederholhäufigkeit pro Jahr. Die unterste Stufe der jährlichen Auftragswiederholhäufigkeit pro Jahr beschreibt somit die Einmaligkeit eines Auftrages, d. h. dessen fehlende Wiederholung. Diese kann sich bis zur obersten Stufe der unendlich großen Wiederholung bzw. der Kontinuität erhöhen. Der Auftrag läuft dann über einen längeren Zeitraum und wird mittels Stückzahlabrufen spezifiziert. Eine Unterbrechung der Aufträge mit der Konsequenz von auftragswechselbedingtem Umrüsten erfolgt nicht.

Die von Schomburg /117/ u. a. vorgenommene Abgrenzung der Ausprägungen der Fertigungsart in Massenfertigung, Serienfertigung, Einzel- und Kleinserien- sowie Einmalfertigung ist mit Ausnahme der Massenfertigung auch für FFS geeignet. Von der Massenfertigung ist lediglich ein unmittelbar an die Serienfertigung angrenzender Bereich für den Einsatz von FFS bedeutungsvoll. Dieser Bereich wird untersuchungsspezifisch als Großserienfertigung bezeichnet (Bild 10).

FERTIGUNGSART C			
C.a Großserienfertigung	C.b Serienfertigung	C.c Einzel- und Kleinserien- fertigung	C.d Einmalfertigung
Größen: 1) - Stückzahl pro Werkstück und Jahr 2) - Auftragswiederholhäufigkeit pro Jahr			
zu 1) – sehr große Stückzah- len pro Werkstück und Jahr zu 2) – kontinuierliche Auf- tragswiederholung bzw. -abarbeitung	zu 1) – große Stückzahlen pro Werkstück und Jahr zu 2) – kontinuierliche oder große Auftragswieder- holung bzw. -abarbei- tung	zu 1) – geringe bis mittlere Stückzahlen pro Werk- stück und Jahr zu 2) – geringe Auftragswie- derholung pro Jahr	zu 1) – geringe Stückzahlen pro Werkstück und Jahr zu 2) – keine Auftragswieder- holung pro Jahr

Bild 10: Merkmalsausprägungen der Fertigungsart

Die Ausprägung der Fertigungsart bedingt bei den Teilaufgaben der Systemarbeitsaufgabe eine zum Teil erhebliche Anforderungsdifferenzierung. Die einzigen Ausnahmen sind die Teilaufgaben TA 4, 15 und 16. Aufgrund des vielfältigen Einflusses der Fertigungsart sind sechs Einflußkriterien zur Analyse der Auswirkungen heranzuziehen (Tab. 6 und 7).

Merkmalsausprägung Einflußkriterium	C.a Großserien- fertigung	C.b Serienfertigung	C.c Einzel- und Klein- serienfertigung	C.d Einmalfertigung
Optimierungsgrad der Aufträge	sehr hoch sehr komplex	hoch komplex	mittel bis gering	sehr gering
Häufigkeit der Einfahrauf-träge	sehr geringe Bedeutung	geringe Bedeutung	große Bedeutung	sehr große Bedeutung
Häufigkeit des Auftrags-wechsels	ohne Bedeutung	ohne o. geringe Bedeutung	große Bedeutung	große Bedeutung
Flexibilität der Ferti-gungsmittel u. -hilfsmittel	sehr eingeschränkt	eingeschränkt	weitgehend universell	weitgehend universell
Auftragskomplettierungs-grad im FFS-Bereich	sehr hoch	hoch	sehr eingeschränkt	sehr eingeschränkt
Komplettbearbeitungsgrad pro Aufspannung	sehr hoch	sehr hoch	möglichst hoch	möglichst sehr hoch

Tab. 6: Auswirkungen der Merkmalsausprägungen von C auf die organisatorischen Einflußkriterien

Einflußkriterium Teilaufgabe	Optimie-rungs-grad der Aufträge	Häufigkeit der Ein-fahr-aufträge	Häufigkeit des Auf-trags-wechsels	Flexibilität der FM und FHM	Auftragskom-plettierungs-grad im FFS-Bereich	Komplettbe-arbeitungs-grad pro Aufspann.
1 Fertigungsaufträge vorbereiten	x	x	---	---	x	x
2 Fertigungsaufträge einplanen	---	x	x	x	x	x
3 Fertigungsaufträge steuern	x	x	x	x	---	x
5 Aufträge einfahren	x	x	x	x	---	---
6 Umrüsten bei Auf-tragswechsel	x	x	x	x	x	---
7 Werkzeugwechsel vor- u. nachbereiten	x	x	x	x	---	---
8 Werkzeugwechsel auftragsbedingt	---	x	x	x	---	---
9 Werkzeugwechsel verschleißbedingt	x	x	---	x	---	---
10 Werkstücke spannen oder palettieren	x	---	---	x	---	x
11 Werkstücke entgra-ten und reinigen	---	---	---	x	x	---
12 Arbeit an Nebenar-beitsplätzen	---	---	x	x	x	---
13 Werkstücke prüfen und beurteilen	x	x	x	x	---	---
14 Eingreifen bei Qua-litätsabweichungen	x	x	x	x	---	x

Legende: x   große Auswirkungen   ---   keine oder geringe Auswirkungen
            FM   Fertigungsmittel   FHM   Fertigungshilfsmittel

Tab. 7: Einfluß der Fertigungsart auf die Teilaufgaben

3.3.4   Merkmal D: Mengenabhängigkeit

Das Merkmal Mengenabhängigkeit beschreibt die Fertigungsaufträge des FFS-Verantwortungsbereiches hinsichtlich der Stabilität und Komplexität der Mengenverhältnisse untereinander. Je nach Merkmalsaus-prägung ergeben sich arbeitsorganisatorisch bedeutsame Konsequenzen für die FFS-Konfiguration, die Maschinenbelegung und deren Planung sowie für die Vorrichtungsauslegung.

Die Mengenverhältnisse zwischen beauftragten Werkstücken können voneinander abhängig oder unab-hängig sein. Die Komplexität der Mengenverhältnisse sagt aus, ob sämtliche Fertigungsaufträge (umfassend), nur die Fertigungsaufträge, die zu einem Produkt gehören (eingeschränkt) oder keine der Fertigungsaufträge untereinander in mengenmäßiger Abhängigkeit stehen. Die sachlogische Kombination der obigen Größen und deren Auslegungsmöglichkeiten ergeben die entsprechenden Merkmalsausprägungen D.a bis D.c (Bild 11).

MENGENABHÄNGIGKEIT D		
D.a Umfassende Mengenabhängigkeit	D.b Eingeschränkte Mengenabhängigkeit	D.c Keine Mengenabhängigkeit
Größen: 1) - Mengenverhältnisse der Fertigungsaufträge untereinander 2) - Komplexität der Mengenverhältnisse		
zu 1) – abhängiges Mengenverhältnis zu 2) – Mengenverhältnis umfaßt alle Fertigungsaufträge (Werkstücke meist für ein gemeinsames Produkt)	zu 1) – abhängige Mengenverhältnisse zu 2) – Mengenverhältnis zwischen einzelnen Fertigungsaufträgen (Werkstücke meist für verschiedene Produkte)	zu 1) – unabhängige oder unberücksichtigte Mengenverhältnisse zu 2) – keine Komplexität relevant

Bild 11: Merkmalsausprägungen der Mengenabhängigkeit

Die verschiedenen Auswirkungen der Merkmalsausprägung der Mengenabhängigkeit faßt die Tabelle 8 zusammen.

Merkmalsausprägung Einflußkriterium	D.a Umfassende Mengenabhängigkeit	D.b Eingeschränkte Mengenabhängigkeit	D.c Keine Mengenabhängigkeit
Komplexität der Systemabstimmung	sehr hoch systemumfassend	hoch produktweise	entfällt
Flexibilität der Fertigungsmittel u. -hilfsmittel	sehr eingeschränkt	eingeschränkt	uneingeschränkt
Mengenflexibilität der Aufträge untereinander	sehr eingeschränkt	eingeschränkt	uneingeschränkt

Tab. 8: Auswirkungen der Merkmalsausprägungen von D auf die organisatorischen Einflußkriterien

Der Einfluß der Mengenabhängigkeit auf die Teilaufgaben ist sehr differenziert. Die Breitenerhebung läßt den Rückschluß zu, daß die umfassende Mengenabhängigkeit nur für die Großserienfertigung und die eingeschränkte Mengenabhängigkeit nur für die Serienfertigung auf Bestellung innerhalb von Rahmenaufträgen praxisrelevant ist. Teilaufgaben, auf welche die Mengenabhängigkeit keinen oder nur einen geringen Einfluß hat, sind in der Tabelle 9 nicht mit aufgeführt.

Einflußkriterium Teilaufgabe	Komplexität der System-abstimmung	Flexibilität der Ferti-gungsmittel und -hilfsmittel	Mengenflexibilität der Aufträge untereinander
1 Fertigungsaufträge vorbereiten	x	x	x
2 Fertigungsaufträge einplanen	x	x	x
3 Fertigungsaufträge steuern	x	x	x
4 FFS wieder in Betrieb nehmen	x	---	---
5 Aufträge einfahren	x	x	---
6 Umrüsten bei Auftragswechsel	x	x	---
8 Werkzeugwechsel auftragsbedingt	x	x	x
15 Instandhalten und warten	x	x	x

Legende: x   große Auswirkungen   ---   keine oder geringe Auswirkungen

Tab. 9: Einfluß der Mengenabhängigkeit auf die Teilaufgaben

3.3.5   Merkmal E: Werkstückgröße

Das Merkmal Werkstückgröße beschreibt im engeren Sinn die Abmessungen und Massen der gegenwärtig und erwartungsgemäß auf einem FFS zu bearbeitenden Rohteile und bereits vorbearbeiteten Werkstücke. Bei einem Werkstückspektrum liegen diese innerhalb bestimmter Größenklassen. Üblich ist die Einteilung der Werkstückgröße in klein, mittel und groß. Hinsichtlich der arbeitsorganisatorischen Konsequenzen ist jedoch eine Einteilung in Großteile und Kleinteile anhand der zusätzlichen Bestimmungsgrößen manuelle Werkstückhandhabbarkeit und Größe der Systempaletten zweckdienlicher.

Der durchgeführte FFS-Herstellervergleich bezüglich der größenbezogenen Einteilung von FFS ergab, daß häufig die Grenzkantenlänge der Systempalette von 1000 mm benutzt wird. Unter Verwendung der genannten Größen ergibt sich die Abgrenzung der Merkmalsausprägungen (Bild 12). Typische Großteile sind laut Binder /24/, Binder und Hammer /121/ Schlitten und Spindelstöcke von Werkzeugmaschinen, Teile von Spritzgieß-, Textil-, Druck- und Verpackungsmaschinen, Komponenten aus dem Kraftwerksbau, der Hüttentechnik, der Klima- und Lüftungstechnik.

WERKSTÜCKGRÖßE E	
E.a Kleinteile	E.b Großteile
Größen: 1) - Werkstückabmessungen und -massen 2) - manuelle Werkstückhandhabbarkeit 3) - Größe der Systempaletten	
zu 1) – kleine bis mittelgroße Werkstücke mit geringer bis mittlerer Masse zu 2) – manuelle Handhabbarkeit gegeben zu 3) – größte Kantenlänge maximal 1000 mm (*)	zu 1) – große Werkstücke mit großer Masse zu 2) – manuelle Handhabbarkeit eingeschränkt und erschwert zu 3) – kleinste Kantenlänge mindestens 1000 mm (*)

(* nach FFS-Herstellervergleich)

Bild 12: Merkmalsausprägungen der Werkstückgröße

Den unterschiedlichen Einfluß der Werkstückgrößen auf die Anforderungen an die Systemarbeitsaufgabe beschreiben die in der Tabelle 10 genannten Kriterien. Bei insgesamt zwölf Teilaufgaben verändern sich in Abhängigkeit von der Ausprägung des Merkmals E die ausführungsbedingten Anforderungen grundlegend (Tab. 11).

Merkmalsausprägung Einflußkriterium	E.a Kleinteile	E.b Großteile
Handhabbarkeit Werkstück	gegeben	eingeschränkt erschwert
Vorrichtungseinsatz	möglich	eingeschränkt
Bearbeitungsaufwand	Kurzläufer	Langläufer
Bearbeitungsrisiko	gering	erhöht
Aufwand zur Ausschußvermeidung	gering	erhöht
Handhabbarkeit Werkzeug	gegeben	eingeschränkt erschwert
Kosten-/Raumrestriktionen	gering	erhöht

Tab. 10: Auswirkungen der Merkmalsausprägungen von E auf die organisatorischen Einflußkriterien

Einflußkriterium Teilaufgabe	Handhab-barkeit Werk-stück	Vorrich-tungsein-satz	Bearbei-tungsauf-wand	Bearbei-tungs-risiko	Aufwand zur Aus-schuß-vermeid.	Handhab-barkeit Werkzeug	Kosten-/Raum-restrik-tionen
3 Fertigungsaufträge steuern	x	---	x	---	---	---	---
5 Aufträge einfahren	x	x	x	x	x	---	---
6 Umrüsten bei Auf-tragswechsel	x	x	---	---	---	---	x
7 Werkzeugwechsel vor- u. nachbereiten	---	---	---	---	---	x	---
8 Werkzeugwechsel auftragsbedingt	---	---	---	---	---	x	---
9 Werkzeugwechsel verschleißbedingt	---	---	---	---	---	x	---
10 Werkstücke spannen oder palettieren	x	x	x	---	---	---	x
11 Werkstücke entgra-ten und reinigen	x	---	x	---	---	---	x
12 Arbeit an Nebenar-beitsplätzen	x	---	x	---	---	---	x
13 Werkstücke prüfen und beurteilen	x	---	x	x	x	x	x
14 Eingreifen bei Qua-litätsabweichungen	x	---	---	x	x	---	---
16 FFS umfassend rei-nigen	x	---	x	---	---	---	---

Legende: x   große Auswirkungen   ---   keine oder geringe Auswirkungen

Tab. 11: Einfluß der Werkstückgröße auf die Teilaufgaben

3.4   Aufbau des typologischen Grundmusters

In den vorangegangenen Kapiteln 3.2 und 3.3 wurden die typologischen Merkmale und deren Ausprägun-gen hergeleitet und im Zusammenhang mit ihren Auswirkungen auf die Arbeitsorganisation und den Per-sonaleinsatz untersucht. Durch ihre Zusammenfassung entsteht nachfolgend das typologische Grundmu-ster (Bild 13). Dieses ist in Form eines morphologischen Kastens aufgebaut, in welchem die typbildenden Merkmalskombinationen hervorhebbar sind.

Im Kapitel 3.2 wurde gefordert, daß die FFS-Einsatzformen in ihrem Wesen erkenn- und beschreibbar sein sollen. Eine quantitative Abgrenzung der Merkmalsausprägungen anhand zu definierender Zahlen-werte für die einzelnen Merkmalsgrößen ist problematisch, weil erfahrungsgemäß nur in eingeschränktem Umfang eindeutige Bestimmungen vorgenommen werden können. Zumeist bedürfen diese dann wieder einer verbalen Erläuterung. Die Forderungen nach eindeutiger Reproduzierbarkeit und direkt erkennbarer Plausibilität lassen sich somit kaum erfüllen.

MERKMAL	MERKMALSAUSPRÄGUNG			
A Kundenauftrag	A.a Bestellung inner- halb von Rahmen- aufträgen	A.b Bestellung mittels Einzelaufträgen	---	---
B Fertigungsauftrag	B.a Fertigung auf Bestel- lung innerhalb von Rahmenaufträgen	B.b Fertigung auf Bestel- lung mittels Einzel- aufträgen	---	---
C Fertigungsart	C.a Großserienfertigung	C.b Serienfertigung	C.c Einzel- und Klein- serienfertigung	C.d Einmalfertigung
D Mengenabhängigkeit	D.a Umfassende Mengenabhängig- keit	D.b Eingeschränkte Mengenabhängig- keit	D.c Keine Mengenabhängig- keit	---
E Werkstückgröße	E.a Kleinteile	E.b Großteile	---	---

Legende: --- keine weitere Merkmalsausprägung

Bild 13: Typologisches Grundmuster zur Ableitung der FFS-Einsatzformen

In der vorliegenden Arbeit wird deshalb grundsätzlich auf eine weiterführende Quantifizierung der Abgrenzungen verzichtet. Die Ausprägungsbereiche der Merkmalsgrößen wurden in den vorangegangenen Kapiteln so beschrieben, daß eine eindeutige Reproduzierbarkeit möglich und die Plausibilität direkt erkennbar ist (Bild 7 bis 12).

3.5. Sachlogische Herleitung der FFS-Einsatztypen

Bezug nehmend auf die im Kapitel 2.4 begründete Entscheidung für die sachlogische Herleitung der FFS-Einsatztypen als Alternative zu statistischen Methoden (z. B. Diskriminanzanalyse) stehen nachfolgend das konkrete Vorgehen und die Ergebnisse im Mittelpunkt. Im Gegensatz zu Schomburg /117/ und Hirt /61/ bilden zwei realistische Extremtypen statt einem den Ausgangspunkt. Die Grundlage für diese Konstruktion bildet das Wissen über FFS-Anwendungsfälle aus Expertengesprächen mit FFS-Herstellern und -Nutzern, der einschlägigen Fachliteratur sowie aus der durchgeführten Feldstudie.

Die entworfenen Extremtypen X (Großserienfertiger) und Z (Einmalfertiger) unterscheiden sich in allen Merkmalsausprägungen und damit auch in den Anforderungen an die Arbeitsorganisation und den Personaleinsatz am deutlichsten voneinander. Beide repräsentieren für die Praxis sinnvolle FFS-Einsatzziele und -strategien. Von beiden Extremtypen ausgehend lassen sich durch systematische, logische Veränderungen einer oder mehrerer Merkmalsausprägungen neue Kombinationen von Ausprägungen der ver-

- 49 -

schiedenen Merkmale bilden. Die dabei entstehenden, sinnvollen Kombinationen gelten als vorläufige FFS-Einsatztypen. Somit ist es nicht erforderlich, alle theoretisch möglichen Kombinationen der Merkmalsausprägungen aufzuzeigen und anschließend die nicht plausiblen auszusondern.

Der Extremtyp X beschreibt einen FFS-Einsatzfall in dem der FFS-Verantwortungsbereich durch Bestellungen innerhalb von Rahmenaufträgen beauftragt wird (A.a), den Stückzahlabrufen entsprechend (B.a) in Großserien fertigt (C.a) und bei dem die Werkstücke untereinander in umfassender Mengenabhängigkeit stehen (D.a) (Bild 14). Damit beschreibt der Extremtyp X in Abgrenzung zu „Flexiblen taktgebundenen und -freien Straßen" ein FFS mit fester Zuordnung der Bearbeitungsfolgen zu den Bearbeitungsmaschinen.

Die gegensätzlichsten Merkmalsausprägungen und damit ein völlig anderes FFS-Einsatzziel drückt der Extremtyp Z, der sogenannte Einmalfertiger, aus (Bild 15). In den FFS-Verantwortungsbereichen sind die Einzelaufträge ku..denbezogen einzuplanen und zu fertigen (A.b und B.b). Die Kundenaufträge wiederholen sich innerhalb eines Jahres nicht, d. h. jeder Fertigungsauftrag ist ein Einfahrauftrag (C.c). Zwischen den Fertigungsaufträgen besteht deshalb keine zu berücksichtigende Mengenabhängigkeit (D.c).

Extrem- typ X sinnvoll		Typ X-1 nicht sinnvoll		Typ X-2 sinnvoll		Typ X-3 nicht sinnvoll
A.a		A.a		A.a	konträr	A.a
B.a		B.a		B.a	konträr	B.a
C.a	====>	C.b		C.b	====>	C.c/C.d
D.a	konträr	D.a	====>	D.b	====>	D.a-D.c

Legende: ====> Veränderung der Merkmalsausprägung gegenüber Vortyp

Bild 14: Sachlogische Herleitung der FFS-Einsatztypen ausgehend von Extremtyp X

Wie im Kapitel 3.3.2 erläutert, sollten aus Effizienzgründen die Merkmale Kundenauftrag (A) und Fertigungsauftrag (B) einander entsprechen. Nachfolgend werden deshalb ausgehend von den Extremtypen X und Z nur durch schrittweise Veränderungen der Ausprägungen der Merkmale Fertigungsart (C) und Mengenabhängigkeit (D) weitere vorläufige FFS-Einsatztypen abgeleitet. Das Bild 14 zeigt, daß sich vom Extremtyp X nur der Typ X-2 ohne Widersprüche zwischen den Merkmalsausprägungen ableiten läßt. Der Typ X-1 scheidet aus, weil Serienfertigung nicht mit umfassender Mengenabhängigkeit vereinbar ist. Für den abgeleiteten Typ X-3 erfolgt der Ausschluß durch den unvereinbaren Widerspruch zwischen Rahmenfertiger (A.a und B.a) und den Fertigungsarten Einzel- und Kleinserienfertigung (C.c) sowie Einmalfertigung (C.d).

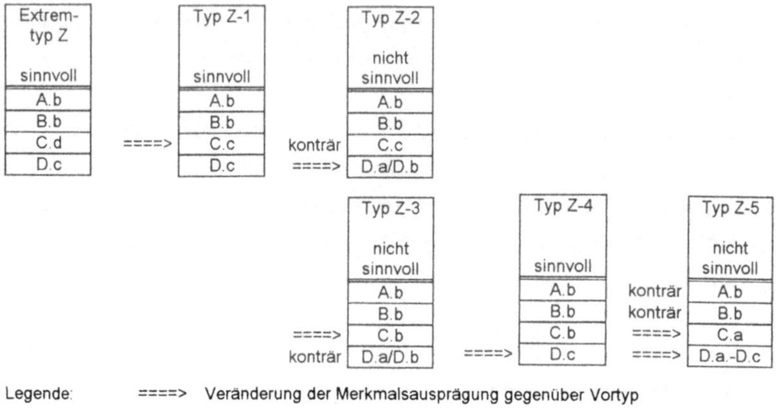

Legende: ====> Veränderung der Merkmalsausprägung gegenüber Vortyp

Bild 15: Sachlogische Herleitung der FFS-Einsatztypen ausgehend von Extremtyp Z

Im Gegensatz zum Extremtyp X können die vom Extremtyp Z abgleiteten FFS-Einsatzfälle nur sogenannte Einzelauftragsfertiger sein (A.b und B.b) (Bild 15). Aufgrund der Tatsache, daß die Bestellung mit Einzelaufträgen nur bei Großserien (Merkmalsausprägung C.a) prinzipiell ausgeschlossen ist, entstehen schrittweise sinnfällige Typen für die Einzel- und Kleinserienfertigung (C.c) sowie für die Serienfertigung (C.b). Die Typen Z-2 und Z-3 sind jedoch nicht praxisrelevant, weil die umfassende oder eingeschränkte Mengenabhängigkeit (D.a und D.b) konträr zur erforderlichen Werkstück- und Mengenflexibilität einer Einzelauftragsfertigung ist.

Nachfolgend sind alle bisher abgeleiteten, sinnvollen FFS-Einsatztypen daraufhin zu untersuchen, ob sie für die Bearbeitung von Kleinteilen (E.a) und Großteilen (E.b) gleichermaßen plausibel sind. Die Merkmalsausprägung Kleinteile schließt nur den extremen FFS-Einsatztyp Z aus, denn für die Einmalfertigung von Kleinteilen (z. B. Modellbau, Prototypenfertigung) sind Einzel-Bearbeitungszentren wesentlich effizienter als FFS einsetzbar.

Im Gegensatz dazu erweist sich der extreme Typ Z für Großteile als sinnvoll, weil deren Handhab- und Transportierbarkeit erheblich eingeschränkt und erschwert ist. Zugleich variieren die Bearbeitungsdauer und die Dauer für das Umrüsten sowie Aufspannen pro Aufspannung so stark und sind meist so lang, daß der FFS-Einsatz erforderlich wird.

Für Großteile gibt es im Normalfall keine kontinuierlichen Bedarfe, d. h. ihre Bearbeitung wird nur durch Bestellungen mittels Einzelaufträgen veranlaßt (A.b). Zugleich ist es unrealistisch, daß Großteile in

Großserien ode, in Serien mit eingeschränkter Mengenabhängigkeit zu fertigen sind. Deshalb spielen die Typen X und X-2 für Großteile keine Rolle.

Die abgeleiteten Typen Z-4 und Z-1 treten bei Kleinteilen in der Regel dauerhaft kombiniert oder im Wechsel auf. Einige Kundenaufträge tragen den Charakter von Serien (C.b) und andere von Einzel- und Kleinserien (C.c). Ein entscheidender Grund dafür ist, daß durch den Einsatz von FFS effizient auf variable Kundenwünsche in diesem Bereich reagiert werden kann. Den Auswirkungen beider Merkmalsausprägungen gilt es durch flexible Formen der Arbeitsorganisation und des Personaleinsatzes Rechnung zu tragen. Die Typen Z-4 und Z-1 bilden deshalb im folgenden stets eine Einheit.

Das Bild 16 gibt die fünf sachlogisch hergeleiteten und nachfolgend auf Praxisrelevanz überprüfenden FFS-Einsatztypen wieder. Zur eindeutigen Abgrenzung zu den vorläufigen FFS-Einsatztypen erhalten diese die Nummerierung I bis V.

Extremtyp X sinnvoll = Typ I	Typ X-2 sinnvoll = Typ II	Typ Z-4 mit Typ Z-1 sinnvoll = Typ III	Typ Z-1 sinnvoll = Typ IV	Extremtyp Z sinnvoll = Typ V
A.a	A.a	A.b	A.b	A.b
B.a	B.a	B.b	B.b	B.b
C.a	C.b	C.b/C.c	C.c	C.d
D.a	D.b	D.c	D.c	D.c
E.a	E.a	E.a	E.b	E.b

Bild 16: Ergebnis der sachlogischen Herleitung der FFS-Einsatztypen

4.   Überprüfung und Dokumentation der FFS-Einsatztypen

Ausgehend vom Bewußtsein und der Akzeptanz der Vielfalt der untersuchten 78 FFS-Einsatzfälle gilt es zu überprüfen:

> ✎ ob diese mit Hilfe der ermittelten, typbeschreibenden Merkmalsausprägungen hinreichend genau beschrieben werden können,

> ✎ ob und wie eindeutig sich die realen FFS-Einsatzfälle den sachlogisch hergeleiteten FFS-Einsatztypen I bis V oder ggf. Mischformen von diesen zuordnen lassen und

> ✎ ob sich ggf. die Nichtzuordenbarkeit einzelner FFS-Einsatzfälle plausibel begründen läßt.

Das heißt, die FFS-Einsatzfälle, die keinem FFS-Einsatztyp oder Mischtyp eindeutig entsprechen, werden nicht nach dem Prinzip der größtmöglichen Übereinstimmung der Merkmalsausprägungen zugeordnet. Vielmehr sind die Ursachen für bestehende Unterschiede und damit die Gründe für Zuordnungsprobleme (z. B. Fehlplanungen) kritisch zu hinterfragen. Daran schließen sich die detaillierten Überprüfungsergebnisse und die Beschreibungen für:

> ✎ die FFS-Einsatztypen I bis V (Kap. 4.2 bis 4.6) und

> ✎ die Mischtypen (Kap. 4.7 bis 4.9)

an.

4.1   Zusammenfassung der Überprüfungsergebnisse

Als Grundlage für die Diskussion der Überprüfungsergebnisse dient eine tabellarische Übersicht der insgesamt 78 untersuchten FFS-Einsatzfälle (vgl. Anhang 10.2, Tab. 43). Ausgehend von den Vergleichsergebnissen der ermittelten FFS-einsatzfallspezifischen Kombination der Merkmalsausprägungen mit denen der FFS-Einsatztypen und der Mischtypen, lassen sich von den 78 betrachteten Fällen 61 eindeutig einem der FFS-Einsatztypen und 7 Fälle einem der drei Mischtypen zuordnen (Tab. 12). Insgesamt 10 der untersuchten FFS-Einsatzfälle weisen Kombinationen von Merkmalsausprägungen auf, die ihre Zuordnung zu einem FFS-Einsatztyp oder einem Mischtyp nicht gestatten.

Zum Teil spiegeln sich die zum Untersuchungszeitpunkt vorgefundenen speziellen Einsatzkonflikte bereits in den Merkmalsausprägungen und deren Kombinationen wider. Unter Hinzuziehung ergänzender Informationen zu den FFS-Einsatzfällen, wie z. B. zur Auslegung des FFS oder zur Veränderung der Auftragslage, konnte geklärt werden, daß es sich tatsächlich um FFS-Einsatzfälle mit Ausnahmecharakter handelt (vgl. Anhang 10.2, Tab. 43).

Eindeutige Zuordnung der untersuchten FFS-Einsatzfälle zu				
einem FFS-Einsatztyp		einem Mischtyp		keinem FFS-Einsatztyp oder Mischtyp
Bezeichnung	Anzahl FFS-Einsatzfälle	Bezeichnung	Anzahl FFS-Einsatzfälle	Anzahl FFS-Einsatzfälle
I	8	III-II	2	
II	6	III-IV	3	
III	40	IV-III	1	
IV	5	IV-V	1	
V	2			
Gesamt Σ = 61 Gesamt = 78%		Gesamt Σ = 7 Gesamt = 9%		Gesamt Σ = 10 Gesamt = 13%

Tab. 12: Darstellung der Überprüfungsergebnisse von 78 FFS-Einsatzfällen

Als Hauptursachen sind Aktivitäten in speziellen Marktsegmenten mit atypischem Kundenverhalten (z. B. Rüstungsindustrie), starke Veränderungen der Auftragslage, Fehlplanungen und -investitionen zu nennen. Beispielhaft sei auf den FFS-Einsatzfall 72 verwiesen /27/. Dieser entwickelte sich infolge einer ungünstigen Auftragslage von einem effizienten Einsatz ähnlich dem FFS-Einsatztyp III mit der extremen Ausprägung C.a (Großserienfertigung) in Richtung des Typs III-C.a/C.c.

Mit dem Verweis auf den großen Anteil der eindeutig zuordenbaren FFS-Einsatzfälle (78%), der Erklärbarkeit von Mischtypen (9%) und der Begründbarkeit nicht zuordenbarer FFS-Einsatzfälle (13%) kann die Gültigkeit der hergeleiteten FFS-Einsatztypen als erwiesen gelten. Die geringe Anzahl der den FFS-Einsatztypen IV und V zuordenbaren FFS-Einsatzfälle widerspricht deren Repräsentanz für wesentliche Erscheinungsformen nicht. Diese weist vielmehr auf die im Vergleich zu den anderen FFS-Einsatztypen bestehende Neuheit dieser FFS-Einsatzstrategien und auf die geringeren Einsatzerfordernisse von FFS zur Großteilbearbeitung hin.

Nachfolgend werden die gewonnenen Überprüfungsergebnisse im Detail vorgestellt und die bestätigten FFS-Einsatztypen im typologischen Grundmuster dokumentiert. Die Auflösung der Darstellungen im typologischen Grundmuster enthalten die Tabellen 44 bis 48 im Anhang 10.3. Den Abschluß der Überprüfung bildet die Diskussion der vorgefundenen Mischtypen.

4.2 FFS-Einsatztyp I

Der FFS-Einsatztyp I beschreibt die sogenannten Rahmenauftragsfertiger von Kleinteilen deren Kunden innerhalb von Rahmenaufträgen bestellen. Diese Teile werden im FFS-Verantwortungsbereich kontinuierlich gefertigt (Bild 17). Von den 78 untersuchten FFS-Einsatzfällen sind 8 eindeutig dem FFS-Einsatztyp I zuzuordnen. Dazu zählen auch drei FFS-Einsatzfälle, bei denen pro FFS oder FFS-Verbund lediglich ein Werkstück gefertigt wird.

MERKMAL	MERKMALSAUSPRÄGUNG			
A Kundenauftrag	A.a Bestellung innerhalb von Rahmenaufträgen	A.b Bestellung mittels Einzelaufträgen	---	---
B Fertigungsauftrag	B.a Fertigung auf Bestellung innerhalb von Rahmenaufträgen	B.b Fertigung auf Bestellung mittels Einzelaufträgen	---	---
C Fertigungsart	C.a Großserienfertigung	C.b Serienfertigung	C.c Einzel- und Kleinserienfertigung	C.d Einmalfertigung
D Mengenabhängigkeit	D.a Umfassende Mengenabhängigkeit	D.b Eingeschränkte Mengenabhängigkeit	D.c Keine Mengenabhängigkeit	---
E Werkstückgröße	E.a Kleinteile	E.b Großteile	---	---

Legende: | X.x | Merkmalsausprägung des FFS-Einsatztyps
                ---   keine weitere Merkmalsausprägung

Bild 17: Dokumentation des FFS-Einsatztyps I im typologischen Grundmuster

4.3 FFS-Einsatztyp II

Der FFS-Einsatztyp II ist durch ein eingeschränktes Werkstückspektrum mit Kleinteilecharakter gekennzeichnet, dessen Stückzahlen pro Jahr geringer als beim FFS-Einsatztyp I sind. Die Fertigungsaufträge werden aber gleichfalls, entsprechend der Bestellung mittels Rahmenaufträgen, kontinuierlich gefertigt. Die Auslegung der Fertigungsmittel und -hilfsmittel sowie die fixe Maschinenbelegungsplanung sind darauf ausgerichtet, für die Werkstücke unterschiedlicher Produkte innerhalb definierter Grenzen eine mittel- bis langfristige Mengenflexibilität ohne Produktivitätsverluste zu sichern (Bild 18).

Mit der dargestellten Kombination der Merkmalsausprägungen des FFS-Einsatztyps II stimmen fünf der untersuchten FFS-Einsatzfälle eindeutig überein. Ein weiterer FFS-Einsatzfall kann gleichfalls zugeordnet werden, weil dessen zum Teil geringe Jahresstückzahlen (Merkmalsausprägung C.b und C.c) aus dem Serienauslauf einiger Werkstücke und der ungewöhnlich kleinen Anzahl der Bearbeitungsmaschinen im FFS resultieren.

MERKMAL	MERKMALSAUSPRÄGUNG			
A Kundenauftrag	A.a Bestellung innerhalb von Rahmenaufträgen	A.b Bestellung mittels Einzelaufträgen	---	---
B Fertigungsauftrag	B.a Fertigung auf Bestellung innerhalb von Rahmenaufträgen	B.b Fertigung auf Bestellung mittels Einzelaufträgen	---	---
C Fertigungsart	C.a Großserienfertigung	C.b Serienfertigung	C.c Einzel- und Kleinserienfertigung	C.d Einmalfertigung
D Mengenabhängigkeit	D.a Umfassende Mengenabhängigkeit	D.b Eingeschränkte Mengenabhängigkeit	D.c Keine Mengenabhängigkeit	---
E Werkstückgröße	E.a Kleinteile	E.b Großteile	---	---

Legende: X.x   Merkmalsausprägung des FFS-Einsatztyps
                ---   keine weitere Merkmalsausprägung

Bild 18: Dokumentation des FFS-Einsatztyps II im typologischen Grundmuster

4.4 FFS-Einsatztyp III

Der FFS-Einsatztyp III gehört ebenso wie die Typen IV und V zu den Einzelauftragsfertigern. Dem Bild 19 ist zu entnehmen, daß der Herleitung des FFS-Einsatztyps entsprechend kleine bis mittelgroße Werkstücke in Serien und/oder in Einzel- und Kleinserien gefertigt werden. Der zu bearbeitende Auftragsmix unterliegt laufenden Änderungen. Die wesentlichsten Gründe dafür sind die mehrmalige Übernahme neuer Fertigungsaufträge (Einfahraufträge) pro Jahr und die Abstimmung zwischen der benötigten Bearbeitungskapazität der Erst- oder Wiederholaufträge. Weil die einzelnen Fertigungsaufträge diskontinuierlich und in voneinander unabhängigen Losen zu fertigen sind, darf keine Mengenabhängigkeit bei der FFS-Auslegung und bei der Maschinenbelegungsplanung manifestiert werden.

Die große Vielfalt der konkreten Ausprägungsformen des FFS-Einsatztyps III und dessen zahlenmäßige, im Vergleich mit den anderen FFS-Einsatztypen überlegene Stärke finden ihre Wiederspiegelung im Zuordnungsergebnis (vgl. Anhang 10.2, Tab. 43). Insgesamt 29 der 78 untersuchten FFS-Einsatzfälle, d. h. zirka 37 Prozent, lassen sich exakt und 11 FFS-Einsatzfälle mit den Nummern 17, 41, 42 und 49 bis 56 mit geringen Einschränkungen dem FFS-Einsatztyp III zuordnen.

MERKMAL	MERKMALSAUSPRÄGUNG			
A Kundenauftrag	A.a Bestellung inner- halb von Rahmen- aufträgen	A.b Bestellung mittels Einzelaufträgen	—	—
B Fertigungsauftrag	B.a Fertigung auf Bestel- lung innerhalb von Rahmenaufträgen	B.b Fertigung auf Bestel- lung mittels Einzel- aufträgen	—	—
C Fertigungsart	C.a Großserienfertigung	C.b Serienfertigung	C.c Einzel- und Klein- serienfertigung	C.d Einmalfertigung
D Mengenabhängigkeit	D.a Umfassende Mengenabhängig- keit	D.b Eingeschränkte Mengenabhängig- keit	D.c Keine Mengenabhängig- keit	—
E Werkstückgröße	E.a Kleinteile	E.b Großteile	—	—

Legende: [X.x] Merkmalsausprägung des FFS-Einsatztyps
          —   keine weitere Merkmalsausprägung

Bild 19: Dokumentation des FFS-Einsatztyps III im typologischen Grundmuster

In insgesamt 24 dieser FFS-Anwendungsfälle werden Fertigungsaufträge mit dem Charakter von Einzel- und Kleinserien (C.c), aber auch von Serien (C.b) im Mix gefertigt. Dazu zählen auch drei Lohnfertiger, welche die Stückzahlabrufe ihrer Kunden nicht adäquat berücksichtigen können (FFS-Nr. 17, 41, 42). Bei zwei FFS-Anwendungsfällen (FFS-Nr. 17, 18) ist eine extreme Ausprägung in Richtung der losweisen Serienfertigung nachweisbar (III-C.b). Um sämtliche Einzelaufträge und zum Teil auch Rahmenaufträge erfüllen zu können, sind diese zu splitten und im rollierenden Mix abzuarbeiten. Das auftragswechselbedingte Vorrichtungsumrüsten und Werkzeugwechseln ist nicht vermeidbar.

Insgesamt sechs FFS-Einsatzfälle sind durch die ausschließliche Bearbeitung von Einzel- und Kleinserien gekennzeichnet. Weitere acht FFS-Einsatzfälle weisen eine noch extremere Merkmalsausprägung (C.c/C.d) auf. Hierbei werden zugunsten einer höheren Kapazitätsauslastung ergänzend auch Fertigungsaufträge ohne Wiederholung (Einmalfertigung) ausgeführt.

4.5 FFS-Einsatztyp IV

Die Abgrenzung des FFS-Einsatztyps IV gegenüber dem vorherigen Typ III resultiert aus der Tatsache, daß Großteile primär in Einzel- und Kleinserien zu fertigen sind (Bild 20). Die Fertigungsaufträge werden demnach im Normalfall mittels Einzelaufträgen mehrmals bestellt und adäquat in Losen gefertigt. Eventuelle Mengenabhängigkeiten der Fertigungsaufträge untereinander bleiben unberücksichtigt. Für fünf aller analysierten FFS-Einsatzfälle ist eine eindeutige Zugehörigkeit zum FFS-Einsatztyp IV festzustellen (vgl. Anhang 10.2, Tab. 43). Damit wird bestätigt, daß FFS bei der Großteilbearbeitung nicht nur im Bereich der Einmalfertigung (C.d) zweckdienlich sind.

MERKMAL	MERKMALSAUSPRÄGUNG			
A Kundenauftrag	A.a Bestellung inner- halb von Rahmen- aufträgen	A.b Bestellung mittels Einzelaufträgen	---	---
B Fertigungsauftrag	B.a Fertigung auf Bestel- lung innerhalb von Rahmenaufträgen	B.b Fertigung auf Bestel- lung mittels Einzel- aufträgen	---	---
C Fertigungsart	C.a Großserienfertigung	C.b Serienfertigung	C.c Einzel- und Klein- serienfertigung	C.d Einmalfertigung
D Mengenabhängigkeit	D.a Umfassende Mengenabhängig- keit	D.b Eingeschränkte Mengenabhängig- keit	D.c Keine Mengenabhängig- keit	---
E Werkstückgröße	E.a Kleinteile	E.b Großteile	---	---

Legende: Xx Merkmalsausprägung des FFS-Einsatztyps
          --- keine weitere Merkmalsausprägung

Bild 20: Dokumentation des FFS-Einsatztyps IV im typologischen Grundmuster

4.6 FFS-Einsatztyp V

Der FFS-Einsatztyp V beschreibt analog zum FFS-Einsatztyp I ein Randgebiet des FFS-Einsatzes (Bild 21). Die Merkmalsausprägung Einmalfertigung (C.d.) läßt nur die wirtschaftliche Bearbeitung von Großteilen in einem FFS zu. Es handelt sich dabei ausschließlich um einmalige, d. h. sich nicht wiederholende, kundenorientierte Aufträge (A.b, B.b). Aufgrund der geringen Verbreitung derartiger Formen des FFS-Einsatzes gelang es im Rahmen der Breitenerhebung lediglich zwei FFS eindeutig zu identifizieren.

MERKMAL	MERKMALSAUSPRÄGUNG			
A Kundenauftrag	A.a Bestellung inner- halb von Rahmen- aufträgen	A.b Bestellung mittels Einzelaufträgen	---	---
B Fertigungsauftrag	B.a Fertigung auf Bestel- lung innerhalb von Rahmenaufträgen	B.b Fertigung auf Bestel- lung mittels Einzel- aufträgen	---	---
C Fertigungsart	C.a Großserienfertigung	C.b Serienfertigung	C.c Einzel- und Klein- serienfertigung	C.d Einmalfertigung
D Mengenabhängigkeit	D.a Umfassende Mengenabhängig- keit	D.b Eingeschränkte Mengenabhängig- keit	D.c Keine Mengenabhängig- keit	---
E Werkstückgröße	E.a Kleinteile	E.b Großteile	---	---

Legende:

X.x	Merkmalsausprägung des FFS-Einsatztyps
---	keine weitere Merkmalsausprägung

Bild 21: Dokumentation des FFS-Einsatztyps V im typologischen Grundmuster

4.7 Mischtyp II-III bzw. III-II

Ausgehend von den FFS-Einsatztypen II und III läßt sich der Mischtyp II-III bzw. III-II ableiten. Wie das Bild 22 zeigt, erfährt jeweils der dominate FFS-Einsatztyp eine Erweiterung einzelner Merkmalsausprägungen in Richtung des anderen Typs. In der Praxis ergibt sich daraus der Konflikt, daß einige Fertigungsaufträge losweise und andere entsprechend den Stückzahlabrufen kontinuierlich gefertigt werden sollen. Die Interpretation der FFS-einsatzfallspezifischen Merkmalsausprägungen ergab, daß zwei FFS-Einsatzfälle als Mischtypen III-II zu charakterisieren sind.

Typ II sinnvoll		Mischtyp II-III bedingt sinnvoll		Mischtyp III-II bedingt sinnvoll		Typ III sinnvoll
A.a		A.a/A.b		A.a/A.b		A.b
B.a	====>	B.a/B.b		B.a/B.b	<====	B.b
C.b	====>	C.b/C.c		C.b/C.c		C.b/C.c
D.b	====>	D.b/D.c		D.c		D.c
E.a		E.a		E.a		E.a

Legende: (Ausprägungen der Merkmale A bis E im Kap. 3.4 erläutert)
====>   Veränderung der Merkmalsausprägung gegenüber Vortyp

Bild 22: Herleitung des Mischtyps II-III bzw. III-II

4.8   Mischtyp III-IV bzw. IV-III

Bei der Herleitung der FFS-Einsatztypen I bis V wurde eine formale Trennung zwischen der Bearbeitung von Klein- und Großteilen vorgenommen (s. Merkmalsausprägung E.a bzw. E.b). Im Interesse der Praktikabilität der FFS-Einsatztypen ist diese Entscheidung gerechtfertigt. In der Praxis kann jedoch das zu bearbeitende Werkstückspektrum genau im Grenzbereich liegen oder ein für Großteile dimensioniertes FFS auch durch mittelgroße Teile kapazitiv ausgelastet werden (Bild 23). Von den untersuchten FFS-Einsatzfällen sind vier dieser Gruppe zurechnenbar. Bei den meisten FFS dominiert der FFS-Einsatztyp III (Mischtyp III-IV).

Typ III sinnvoll		Mischtyp III-IV bedingt sinnvoll		Mischtyp IV-III bedingt sinnvoll		Typ IV sinnvoll
A.b		A.b		A.b		A.b
B.b		B.b		B.b		B.b
C.b/C.c		C.b/C.c		C.c		C.c
D.c		D.c		D.c		D.c
E.a	====>	E.a/E.b		E.a/E.b	<====	E.b

Legende: (Ausprägungen der Merkmale A bis E im Kap. 3.4 erläutert)
====>   Veränderung der Merkmalsausprägung gegenüber Vortyp

Bild 23: Herleitung des Mischtyps III-IV bzw. IV-III

4.9   Mischtyp IV-V bzw. V-IV

Mit dem Mischtyp IV-V bzw. V-IV lassen sich ebenfalls FFS-Einsatzfälle charakterisieren, deren Fertigungsaufträge Jahresstückzahlen von Kleinserien haben. Nur für einen Teil der Fertigungsaufträge ist eine wiederholte Beauftragung absehbar (Merkmalsausprägung C.c/C.d) (Bild 24). Die Arbeitsvorbereitung wird folglich die Aufträge in unterschiedlichem Grad optimieren. Zugleich verschiebt sich in Abhängigkeit von der Fertigungsart die Häufigkeit der Einfahraufträge pro Monat. Ein untersuchter FFS-Einsatzfall gehört aufgrund der Dominanz der Merkmalsausprägung C.c gegenüber C.d zum Mischtyp IV-V.

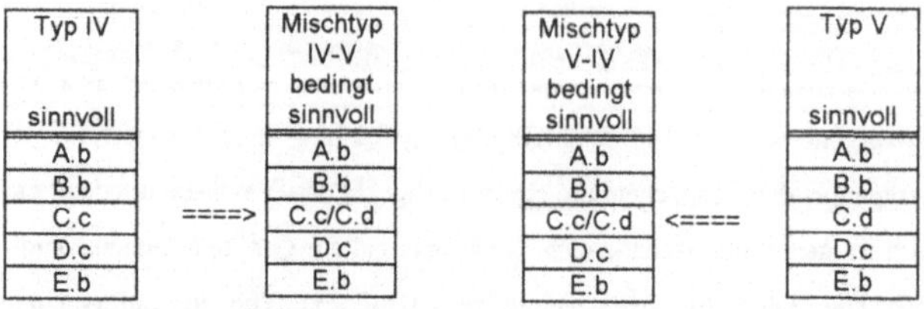

Typ IV		Mischtyp IV-V bedingt sinnvoll		Mischtyp V-IV bedingt sinnvoll		Typ V
sinnvoll						sinnvoll
A.b		A.b		A.b		A.b
B.b		B.b		B.b		B.b
C.c	====>	C.c/C.d		C.c/C.d	<====	C.d
D.c		D.c		D.c		D.c
E.b		E.b		E.b		E.b

Legende: (Ausprägungen der Merkmale A bis E im Kap. 3.4 erläutert)
====>   Veränderung der Merkmalsausprägung gegenüber Vortyp

Bild 24: Herleitung des Mischtyps IV-V bzw. V-IV

5. Gestaltung der Arbeitsorganisation und des Personaleinsatzes

5.1 Grundlagen der FFS-einsatztypspezifischen Gestaltungsvorschläge

Bevor die Grundmuster für die optimale Gestaltung der Arbeitsorganisation und des Personaleinsatzes für FFS-Verantwortungsbereiche abgeleitet werden können, sind:

- ✎ die Gestaltungsgrößen und -merkmale sowie Zielvorgaben zu formulieren (vgl. Kap. 5.1.1),
- ✎ die nicht restriktiven, FFS-einsatztypspezifischen Systemgrößen zu bestimmen (vgl. Kap. 5.1.2) und
- ✎ die FFS-einsatztypspezifischen Anforderungen der Systemarbeitsaufgaben zu beschreiben (vgl. Kap. 5.1.3).

5.1.1 Erläuterung der Gestaltungsgrößen und -merkmale

Zur Differenzierung der Gestaltungsgrößen der Arbeitsorganisation für FFS-Verantwortungsbereiche wird auf die im Rahmen der Breitenerhebung formulierten Untersuchungsmerkmale zurückgegriffen. Die Tabelle 13 gibt einen Überblick über die Gestaltungsgrößen und -merkmale, auf deren Grundlage in den Kapiteln 5.2 bis 5.6 systematisch die Lösungskonzepte für die FFS-Einsatztypen I bis V entwickelt werden. Die Interpretation der einzelnen Merkmale ergänzen die FFS-einsatztypneutral formulierten Gestaltungsziele und -prinzipien.

Gestaltungsgröße	Gestaltungsmerkmal
Schichtartdifferenzierter FFS-Einsatz	• Schichtartdifferenzierte Intensität der Teilaufgabenausführung
Auslegung des FFS-Verantwortungsbereiches	• Ort der Teilaufgabenausführung • Fertigungsmittel und -hilfsmittel
Arbeitsorganisation	• Teilaufgabenausführende (FFS-Personal und externe Fachbereiche/- unternehmen) • Formen der Zusammenarbeit der Teilaufgabenausführenden (innerhalb des FFS-Verantwortungbereiches und übergreifend)
Personaleinsatz	• Schichtorganisation der Teilaufgabenausführenden • Formale Arbeitsaufgaben der Teilaufgabenausführenden • Qualifikationsanforderungen an die Teilaufgabenausführenden • Zahlenmäßige Stärke der Teilaufgabenausführenden (Einsatz- und Bereitschaftszeiten)

Tab. 13: Gestaltungsgrößen und -merkmale der Arbeitsorganisation

<u>Gestaltungsmerkmal: Intensität der Teilaufgabenausführung</u>

Das Merkmal Intensität der Teilaufgabenausführung beschreibt den FFS-Einsatz anhand der Ausführungshäufigkeit der einzelnen Teilaufgaben im Verlauf der Einsatzschichten und der Arbeitswoche. Vereinfachend wird davon ausgegangen, daß das FFS-Personal in einer dreischichtigen Fünftagearbeitswoche zur Verfügung steht und sich das FFS mindestens in diesem Zeitraum im Einsatz befinden soll. Grundsätzlich gilt es in Abhängigkeit von der Wiederholhäufigkeit der Teilaufgabenausführung pro Jahr den Arbeitsalltag von Sondersituationen des FFS-Einsatzes abzugrenzen. Neben der Notwendigkeit des Einsatzes von FFS-Personal beschreiben typische Kombinationen auszuführender Teilaufgaben das Wesen des FFS-Einsatzes. Der FFS-Einsatz ohne Anwesenheit von FFS-Personal ist anhand der Art des Automatikbetriebes unterscheidbar in:

- Systemauslauf ohne FFS-Personal (in Vorschicht an Werkstücken begonnene Bearbeitung wird fortgesetzt) und

- Systemleerlauf ohne FFS-Personal (bis Schichtende sind vorrätig aufgespannte Werkstücke zu bearbeiten).

Der FFS-Einsatz mit Personal läßt sich anhand typischer, schichtartabhängiger Teilaufgabenkomplexe charakterisieren. Beispielhaft seien der Spann-, Einfahr- und Rüstbetrieb genannt. Grundlegendes Gestaltungsziel ist es, die Ausführung spezieller Teilaufgaben im FFS-Verantwortungsbereich möglichst auf die Früh- und Spätschicht zu konzentrieren und die notwendige Einsatzbereitschaft anderer Fachbereiche auf die Tagschicht zu beschränken.

<u>Gestaltungsmerkmal: Ort der Teilaufgabenausführung</u>

Dieses Merkmal beschreibt, ob die Ausführung der Teilaufgabe im FFS-Verantwortungsbereich, extern in Fachbereichen oder in Fremdunternehmen erfolgt. Innerhalb des FFS-Verantwortungsbereiches sind die Ausführungsorte näher zu betrachten. Die Arbeitsplätze werden unter Berücksichtigung der FFS-Auslegung und der teilaufgabenbezogenen Anforderungen durch eine Arbeitsstelle oder durch die räumlich-sachliche Zusammenfassung gleicher und/oder unterschiedlicher Arbeitsstellen definiert. In diesen Arbeitzonen ist folglich ein- bzw. mehrstellige Einzel- oder Gruppenarbeit möglich /122/. Die einzelnen Arbeitszonen sind fix oder flexibel, d. h. durch situationsbedingt und/oder flexibel auszuführende Teilaufgaben an anderen Arbeitsstellen erweiterbar /98/.

Bei der Festlegung der Arbeitszonen ist anzustreben, daß diese flexibel erweiterbar sind und sich partiell überlappen. Lange Wege zwischen den einzelnen Arbeitsstellen, eingeschränkte Zugänglichkeit und Unübersichtlichkeit sind zu vermeiden, weil diese die Möglichkeiten zur bereichsinternen Zusammenarbeit einschränken. Im weiteren Verlauf der Arbeit erhalten die verschiedenen Arbeitszonen die Bezeichnungen der primär an diesen arbeitenden MA (z. B. Arbeitszone für Aufspanner A* 1).

Gestaltungsmerkmal: Fertigungsmittel und -hilfsmittel

Die Auslegung der Fertigungsmittel und -hilfsmittel wird sehr stark durch die FFS-Einsatztypen determiniert. Die dennoch bestehenden, organisationsrelevanten Gestaltungsfreiräume bedürfen aber der konkreten Diskussion. Beispielhaft sind die Gestaltung des Fertigungshilfsmittelkreislaufes, die Einrichtung und Anordnung der Arbeitsstellen sowie die Entkopplung bzw. Lockerung der zeitlich-räumlichen Bindung der Teilaufgabenausführung zu nennen.

Gestaltungsmerkmal: Teilaufgabenausführende

Anhand des Merkmals Teilaufgabenausführende wird die Arbeitsteilung zwischen dem FFS-Verantwortungsbereich und externen Fachbereichen (z. B. NC-Programmierung PR) oder Fremdunternehmen (z. B. Reinigungsservice RSU) als auch die innerhalb des FFS-Personals beschrieben. Zur Differenzierung des FFS-Personals werden aufgrund der in der Praxis und Literatur vorgefundenen Vielfalt der Bezeichnungen für Beschäftigtengruppen stellvertretende Bezeichnungen gewählt und anhand der primär durch diese auszuführenden, also typischen Teilaufgaben inhaltlich beschrieben (Tab. 14).

Die Arbeitsteilung ist in Abhängigkeit von der Schichtart FFS-einsatzspezifisch zu definieren. Neben den zwangsweise im FFS-Verantwortungsbereich auszuführenden Teilaufgaben (z. B. Werkzeuge wechseln bei Auftragswechsel) sind auch andere, mit vertretbarem Aufwand ausführbare Teilaufgaben ganz oder teilweise dem FFS-Personal zu übertragen. Davon auszunehmen sind lediglich die Teilaufgaben:

- welche sehr fachspezifische Qualifikationsanforderungen, wie z. B. zur Rohteiloptimierung und Vorrichtungskonstruktion erfordern,
- mit geringer Ausführungshäufigkeit und
- für welche sich die notwendigen Investitionen , wie z. B. Meßmaschinen, aufwands- und kostenseitig (z. B. aus Sicht der kapazitiven Auslastung) nicht rechnen.

Für die Ausführung der Teilaufgaben Fertigungsaufträge vorbereiten (TA 1), Instandhalten und Warten (TA 15) und FFS umfassend reinigen (TA 16) sollen deshalb innerhalb des FFS-Personals keine speziellen Beschäftigtengruppen gebildet werden. Dafür tragen externe Fachbereiche und -unternehmen, wie die Arbeitsvorbereitung (AV), die Instandhaltungsabteilung (IH) und der Reinigungsservice die Hauptverantwortung.

Beschäftigtengruppen Bezeichnungen im Rahmen der Arbeit		primär auszuführende, typische Teilaufgaben (TA)		Beschäftigtengruppen Bezeichnungen aus der Befragung (Bsp.)
S*	Systemführer/-in	TA 2	Fertigungsaufträge einplanen	Leitstandsführer
		TA 3	Fertigungsaufträge steuern	Organisator
		TA 4	FFS wieder in Betrieb nehmen	Dispatcher
		TA 17	FFS-Personal planen und führen	
V*	Vorarbeiter/-in	TA 4	FFS wieder in Betrieb nehmen	Einrichter
		TA 5	Aufträge einfahren	Systembediener
		TA 6	Umrüsten bei Auftragswechsel	
		TA 8	WZ wechseln bei Auftragswechsel	
		TA 9	WZ wechseln bei Verschleiß u. Bruch	
		TA 14	Eingreifen bei Qualitätsabweichungen	
R*	Vorrichtungsrüster/-in	TA 6	Umrüsten bei Auftragswechsel	Vorrichtungseinsteller Maschinenrüster
E*	Einsteller/-in der Werkzeuge	TA 7	WZ-Wechsel vor- und nachbereiten	Werkzeugmacher
		TA 8	WZ wechseln bei Auftragswechsel	Werkzeugeinrichter
		TA 9	WZ wechseln bei Verschleiß u. Bruch	
B*	Bediener/-in	TA 4	FFS wieder in Betrieb nehmen	Systembediener
		TA 5	Aufträge einfahren	Rüster-/Spanner
		TA 8	WZ wechseln bei Auftragswechsel	Palettierer
		TA 9	WZ wechseln bei Verschleiß u. Bruch	System-, Maschinen-
		TA 10	Werkstücke spannen oder palettieren	führer
		TA 13	Werkstücke prüfen und beurteilen	Operator
		TA 14	Eingreifen bei Qualitätsabweichungen	
A*	Aufspanner/-in	TA 10	Werkstücke spannen oder palettieren	Beschicker
		TA 13	Werkstücke prüfen und beurteilen	Palettierer
A*-S	Springer/-in für Aufspanner/-innen	TA 10	Werkstücke spannen oder palettieren	Springer
		TA 13	Werkstücke prüfen und beurteilen	
H*	Hilfskraft	TA 11	Werkstücke entgraten und reinigen	Wascher
		TA 12	einfache TA an Nebenmaschinen und -plätzen	Entgrater Schlosser
N*	Nebenmaschinenbediener/-in	TA 12	komplexe TA an Nebenmaschinen und -plätzen	NC-Bediener Zusatzkraft
K*	Kontrolleur/-in	TA 13	Werkstücke prüfen und beurteilen	Prüfer Laufkontrolleur

Tab. 14: Definition und Bezeichnung der Beschäftigtengruppen für FFS-Verantwortungsbereiche

Innerhalb des FFS-Verantwortungsbereiches ist eine ausreichend flexible Arbeitsteilung anzustreben. Dies gilt insbesondere dann, wenn die Anzahl der MA pro Schicht gering ist (z. B. personalreduzierte Nachtschicht). Die arbeitsteilige Ausführung der Arbeitsaufgabe des FFS-Verantwortungsbereiches wird anhand fiktiver MA mit spezifischen Kombinationen auszuführender Teilaufgaben, d. h. fiktiven Arbeitsaufgaben, veranschaulicht. Diese fiktiven MA lassen sich im Rahmen der Gestaltung des Personaleinsatzes zu Beschäftigtengruppen zusammenfassen. Inhaltliche, teilaufgabenbezogene Überschneidungen bzw. -lappungen der fiktiven Arbeitsaufgaben sind ebenso möglich wie situationsbedingte und flexible Erweiterungen. Für die Erlangung einer hohen MA-Disponibilität und Einsatzeffizienz sowie Belastungsoptimierung der einzelnen MA (z. B. in Streßsituationen durch zeitweise Überlastung) sind diese Maßnahmen von Bedeutung.

<u>Gestaltungsmerkmal: Formen der Zusammenarbeit der Teilaufgabenausführenden</u>

Dieses Gestaltungsmerkmal kennzeichnet das Zusammenwirken der Teilaufgabenausführenden innerhalb des FFS-Verantwortungsbereiches als auch des FFS-Personals mit Fachbereichen und Fremdunternehmen. REFA /122/ unterscheidet in Abhängigkeit von der Anzahl der Teilaufgabenausführenden und der Arbeitsstellen in einem Arbeitssystem hinsichtlich des Zusammenwirkens der MA zwischen ein- oder mehrstelliger Einzelarbeit und ein- oder mehrstelliger Gruppenarbeit.

Bezogen auf den Einzelarbeitsplatz ist es im Rahmen der Arbeitstrukturierung prinzipiell möglich, durch die situationsbedingte und flexible Übernahme von zusätzlichen Teilaufgaben, die fiktive Arbeitsaufgabe zu erweitern (job enlargement) und zu bereichern (job enrichment). Weiterhin kann für MA an Einzelarbeitsplätzen, unabhängig davon, ob sie zeitweilig erweiterbar sind, der Arbeitsinhalt dadurch erweitert werden, daß diese MA unterschiedliche fiktive Arbeitsaufgaben im zeitlichen Wechsel an verschiedenen Arbeitsplätzen im FFS-Verantwortungsbereich oder extern ausführen (job rotation) /123/. Neben der Einzelarbeit ist in FFS-Verantwortungsbereichen auch Gruppenarbeit vorzusehen. In diesen Fällen nehmen mehrere MA die Arbeitsaufgaben gleicher oder unterschiedlicher Arbeitszonen teilweise oder ganz wahr.

Für den Einsatz des FFS-Personals in den FFS-Verantwortungsbereichen gilt, daß die Sinnfälligkeit und Effizienz einzelner arbeitsorganisatorischer Maßnahmen nur in Abhängigkeit vom FFS-Einsatztyp und von der Auslegung des FFS-Verantwortungsbereiches (z. B. Systemgröße) diskutiert werden kann. Im Zusammenhang mit der Art des FFS-Einsatzes und der MA-Anzahl ist zum Teil in Verbindung mit der Schichtart eine Differenzierung notwendig.

In Abhängigkeit von den FFS-einsatztypspezifischen Anforderungen aus der Systemarbeitsaufgabe und der festgelegten Arbeitsteilung ergeben sich Fragen zur Zusammenarbeit des FFS-Personals mit MA aus externen Fachbereichen und Fremdunternehmen direkt im FFS-Verantwortungsbereich und/oder außerhalb. Schwerpunktmäßig ist der situationsbedingte Einbezug von Externen (z. B. NC-Programmierer, Instandhalter) bei einer zeitlichen Konzentration aufwandsintensiver und komplizierter oder besonders einfacher Teilaufgaben (z. B. umfassende FFS-Reinigung) zu gestalten. Generell ist zu unterscheiden, ob eine zeitweilige, situationsbedingte oder eine stetige schichtartdifferenzierte Anwesenheit von MA anderer Fachbereiche im FFS-Verantwortungsbereich notwendig ist.

<u>Gestaltungsmerkmal: Schichtorganisation der Teilaufgabenausführenden</u>

Das Merkmal Schichtorganisation der Teilaufgabenausführenden ergänzt die Gestaltungsgrößen Arbeitsteilung und -organisation durch die arbeitszeitliche Dimension. Durch eine schichtartdifferenzierte Arbeitsverteilung und -organisation ist die Anzahl der in der Spätschicht und vor allem in der Nachtschicht tätigen oder abrufbereiten MA soweit als möglich zu reduzieren. Vereinfachend wird davon ausgegangen, daß pro Schichtart nur eine Schichtgruppe mit gemeinsamen Schichtanfang und -ende tätig sein soll. Die Fünftagearbeitswoche des FFS-Personals mit 15 Schichten ist bei Bedarf durch Sonder- und Zusatzschichten (z. B. Reinigungsschicht) erweiterbar.

<u>Gestaltungsmerkmal: Formale Arbeitsaufgaben der Teilaufgabenausführenden</u>

Die Definition formaler Arbeitsaufgaben für das FFS-Personal erfolgt durch die Zusammenfassung aller Teilaufgaben, welche die MA bei Bedarf ausführen sollen. Ein Beispiel hierfür ist die Arbeitsaufgabe der Beschäftigtengruppe Bediener B*, welche aus den Arbeitsaufgaben der fiktiven Bediener B* 1 und B* 2 resultiert.

Die Arbeitsaufgaben der Beschäftigtengruppen setzen sich aus Grund- und Zusatzaufgaben zusammen. Die Grundaufgabe faßt die Teilaufgaben zusammen, welche das Wesen der Arbeitsaufgabe aufgrund ihrer Häufigkeit, des Zeitaufwandes und der Qualifikationsanforderungen ausmachen. Zusatzaufgaben sind demgegenüber nur situationsabhängig und/oder bei zeitlichen Freiräumen auszuführen.

Grundsätzlich sollte sich das FFS-Personal aus verschiedenen, in sich arbeitsaufgaben- und qualifikationsseitig homogenen Beschäftigtengruppen zusammensetzen. Für die einzelnen MA innerhalb der Beschäftigtengruppen können sich daraus Vorteile, z. B. hinsichtlich des Belastungswechsels im physischen und psychischen Bereich, der Bildung komplexer Arbeitsaufgaben und der möglichen Höherqualifizierung, ergeben. Als positive Effekte für den FFS-Einsatz sind zu erwarten:

- Erhöhung der Flexibilität der Organisationslösung (höhere Reaktionsfähigkeit),
- Homogenisierung des Anforderungsniveaus und Auslastungsgrades der MA im FFS-Verantwortungsbereich,
- höhere Disponibilität des FFS-Personals und damit
- höhere Effektivität des FFS-Einsatzes (z. B. Ausfallzeitenminimierung durch die Überbrückung kurzzeitiger Ausfälle einzelner MA).

<u>Gestaltungsmerkmal: Qualifikationsanforderungen an die Teilaufgabenausführenden</u>

Das Gestaltungsmerkmal beinhaltet die Bestimmung der Qualifikationsgruppen für die einzelnen Beschäftigtengruppen anhand der zur Teilaufgabenausführung benötigten Kenntnisse und Erfahrungen (Anforderungskriterium AFK 10) sowie Fertigkeiten (Anforderungskriterium AFK 11). Analog zur Homogenität der Arbeitsaufgabe innerhalb der Beschäftigtengruppen ist zu deren flexibler und effizienter Erfüllung ein gleich hohes Qualifikationsniveau aller MA anzustreben. Die Zweckmäßigkeit einer qualifikationsseitigen Homogenität innerhalb von Beschäftigtengruppen, Schichtgruppen oder des gesamten FFS-Personals hängt im wesentlichen von der jeweiligen Anzahl der MA und von den einsatzspezifischen Anforderungen der Arbeitsaufgabe des FFS-Verantwortungsbereiches ab. Um so geringer die Anzahl der MA ist, um so eher ist eine bereichsinterne Verringerung der Unterschiede anzustreben. Nur so sind FFS-Ausfallzeiten aufgrund fehlender oder eingeschränkter Vertret- und Ersetzbarkeit vermeidbar.

<u>Gestaltungsmerkmal: Zahlenmäßige Stärke der Teilaufgabenausführenden</u>

Die Stärke der Beschäftigtengruppen pro Schichtart wird in Abhängigkeit von dem zur Teilaufgabenausführung erforderlichen Arbeitszeitaufwand und dem schichtsystemabhängigen Arbeitszeitfonds der MA bestimmt. Dabei muß berücksichtigt werden, daß die zeitliche Auslastung der MA zirka 80 Prozent der Schichtdauer beträgt bzw. maximal 85 Prozent nicht überschreitet, vgl. Plath, Plicht u. a. /98/ und Autorenkollektiv /82/. Parallele Ausführungserfordernisse und räumlich-zeitliche Bindungen der Teilaufgaben sind ebenso zu beachten wie soziale Ziele (z. B. Beanspruchungsgünstigkeit). Die exakte Festlegung der Personalstärke kann aufgrund der vielfältigen Einflußgrößen nur FFS-einsatzfallspezifisch unter Zuhilfenahme zeitdynamischer Analysen und Simulationen erfolgen.

In der Regel sind nur einzelne MA aus den verschiedenen Fachbereichen für die alleinige oder unterstützende Ausführung bestimmter Teilaufgaben einzuplanen. Soweit möglich, sollte bei schlechter zeitlicher Planbarkeit dieser Teilaufgaben (Zeitpunkt und -aufwand) die Einsatzbereitschaft dieser MA außerhalb der Tagschicht durch Gleitzeitregelungen und Abrufbereitschaften erweitert werden. Bei Gleitzeit können bedarfsweise die MA externer Fachbereiche ohne Mehrkosten über ihre Normalarbeitszeit hinaus herangezogen werden. Zugleich erhält der MA die Möglichkeit seine formale Arbeitszeit besser persönlichen Bedürfnissen anzupassen. Abrufbereitschaften sind insbesondere für die Überbrückung größerer Zeiträume (z. B. Spät- und Nachtschicht) von Bedeutung, wenn mit stochastischen Anwesenheitserfordernissen wie z. B. zur Instandsetzung zu rechnen ist.

5.1.2   Ermittlung der nicht restriktiven, FFS-einsatztypspezifischen Systemgrößen

Mit der Bestimmung von nicht restriktiven Systemgrößen für die fünf FFS-Einsatztypen werden die Voraussetzungen für die exemplarische Herleitung und Dokumentation effizienter Gestaltungsvorschläge geschaffen. Wenn die Anzahl der Bearbeitungsmaschinen und damit der Umfang der Systemaufgabe zu gering ist, dann wirkt diese so restriktiv, daß FFS-einsatztypspezifische Gestaltungspotentiale nur eingeschränkt umsetzbar sind. Die Tabelle 15 zeigt die erfahrungsbasiert hergeleiteten, praxisrelevanten FFS-Größen pro FFS-Einsatztyp. Diese gewährleisten einen ausreichend großen Gestaltungsfreiraum für die Herleitung gruppenorientierter Lösungen der Arbeitsorganisation und des Personaleinsatzes.

Die zum Teil ambivalenten und widersprüchlichen, meist sozialpsychologisch begründeten Aussagen zur Personalstärke gestatten lediglich die Definition einer günstigen Spannweite der Arbeitsgruppengröße mit 4 (5) bis 10 (15) MA und einer optimalen Größe mit 4 bis 7 MA /124 - 126/. Die obere Grenze trägt der negativen Erfahrung Rechnung, daß ab einer bestimmten Ausdehnung und Komplexität der FFS-Verantwortungsbereiche die bereichsinterne Arbeitsteiligkeit zur Erfüllung der Bereichsarbeitsaufgabe wieder zunehmen muß, die Entscheidungs- und Handlungfähigkeit der Gruppe abnimmt, sowie der Koordinationsaufwand steigt.

Bei einem Personalbedarf von mehr als 10 -15 MA pro Schichtgruppe nimmt aus sozialpsychologischer Sicht die Neigung zur Intragruppendifferenzierung und damit das Risiko personeller Konflikte zu. Die Mindestanzahl der zu versorgenden Bearbeitungsmaschinen soll sichern, daß mindestens vier bis fünf MA zur Erfüllung der Bereichsaufgabe benötigt werden. Kleinstgruppen mit weniger MA neigen zum Zerfall und weisen eingeschränktere Möglichkeiten zur Zusammenarbeit auf.

	FFS-Einsatztyp I	FFS-Einsatztyp II	FFS-Einsatztyp III	FFS-Einsatztyp IV	FFS-Einsatztyp V
Anzahl der integrierten Bearbeitungsmaschinen	8 bis 14	8 bis 14	5 bis 8	3 bis 4	3

Tab. 15: Zusammenfassung der nicht restriktiven Systemgrößen der FFS oder FFS-Verbunde

Beim FFS-Einsatztyp I wird von einer optimalen Anzahl von 8 bis 14 Bearbeitungsmaschinen im Einzel-FFS oder ggf. im gesamten FFS-Verbund ausgegangen. Im Normalfall wird zur kontinuierlichen Bearbeitung von mehr als einem Fertigungsauftrag mit Großseriencharakter mindestens die Bearbeitungskapazität von acht Bearbeitungsmaschinen benötigt. Wie die Breitenerhebung ergab, haben kleinere FFS ihre Ursache in bereits während der Planungs- oder Installationsphase absehbaren Stückzahlrückgängen. Wenn mehr als 14 Bearbeitungsmaschinen pro FFS durch das Personal zu versorgen und zu überwachen sind, dann wird erfahrungsgemäß die maximale MA-Anzahl einer teamfähigen Gruppe überschritten.

Für den FFS-Einsatztyp II ist von der gleichen optimalen Anzahl der Bearbeitungsmaschinen auszugehen. Dieser ebenso große kapazitive Maschinenbedarf resultiert aus der größeren Anzahl unterschiedlicher, beauftragter Werkstücke.

Die Analyse der dem FFS-Einsatztyp III zugeordneten FFS-Einsatzfälle bestätigte das klassische Einsatzgebiet der Zweimaschinensysteme für die Kleinteilebearbeitung (37,5% der 40 zugeordneten FFS-Einsatzfälle) /31/. Dennoch wird als optimale Grundlage für die Ableitung der Gestaltungsvorschläge von einer Mindestanzahl von fünf Bearbeitungsmaschinen ausgegangen. Erst ab dieser Systemgröße sind offensichtlich die Voraussetzungen für die Integration peripherer Einrichtungen (z. B. Werkzeugvoreinstellgerät, FFS-Leitstand) und für Gruppenarbeit gegeben. Als obere Grenze sind aus unternehmerischer Bedarfssicht acht Bearbeitungsmaschinen anzunehmen.

Für den FFS-Einsatztyp IV soll die optimale Systemgröße drei bis vier Bearbeitungsmaschinen betragen. Die in der Breitenerhebung vorgefundene Spanne lag zwischen zwei und vier Bearbeitungsmaschinen und wurde mit dem begrenzten Bedarf an entsprechenden Großteilen begründet. Aus arbeitsorganisatorischer Sicht bieten Zweimaschinensysteme in der Regel nur die Möglichkeit zur Einzelarbeit oder zur flexiblen Zusammenarbeit von meist nur zwei MA.

Zur Einmalfertigung von Großteilen sind aufgrund der geringen Vorhersehbarkeit von systemgerechten Kundenaufträgen und der dafür unternehmensbezogen benötigten Maschinenkapazität nur kleine FFS wirtschaftlich einsetzbar. Durch entsprechende Recherchen ließ sich für den FFS-Einsatztyp V eine maximale Systemgröße von drei Bearbeitungsmaschinen nachweisen.

5.1.3 Ermittlung der FFS-einsatztypspezifischen Anforderungsprofile

Nach der Bildung der FFS-Einsatztypen I bis V im Kapitel 3.5 ist es notwendig, deren für die Arbeitsorganisation und den Personaleinsatz relevanten Anforderungsprofile der Systemarbeitsaufgaben herzuleiten. Dafür sind teilaufgabenneutrale Anforderungskriterien (AFK) und Anforderungsstufen (AFS) zu bestimmen, welche die Bewertung der die Systemarbeitsaufgabe bildenden Teilaufgaben (Teilaufgaben TA 1 - 17) gestatten.

Die Einzelanforderungen werden auf der Basis sachlogischer Überlegungen und in Anlehnung an die Chemnitzer Anforderungsdifferenzierung /82/ schrittweise definiert, formal beschrieben und nach ihrer Höhe (Stufe 0 bis 4) geordnet (vgl. Anhang 10.4). Die Anforderungsstufe 0 drückt jeweils die geringsten oder ggf. fehlenden und die Anforderungsstufe 4 die höchsten Anforderungen aus. Das Bild 25 gibt vorab eine komprimierte Zusammenfassung aller Anforderungskriterien wieder.

<table>
<tr><td colspan="4">ANFORDERUNGSKRITERIEN</td></tr>
<tr><td>AFK 1</td><td>Komplexität der Teilaufgabe</td><td>AFK 7</td><td>Zeitliche Bindung der Teilaufga-benausführung</td></tr>
<tr><td>AFK 2</td><td>Räumliche FFS-Bindung zur Teilaufgabenausführung</td><td>AFK 8</td><td>Kooperationsumfang zur Teilauf-gabenausführung</td></tr>
<tr><td>AFK 3</td><td>Einmaliger Zeitaufwand zur Teil-aufgabenausführung</td><td>AFK 9</td><td>Kommunikation mit Externen zur Teilaufgabenausführung</td></tr>
<tr><td>AFK 4</td><td>Wiederholung der Teilaufgaben-ausführung pro Tag</td><td>AFK 10</td><td>Kenntnisse und Erfahrungen zur Teilaufgabenausführung</td></tr>
<tr><td>AFK 5</td><td>Wiederholung der Teilaufgaben-ausführung pro Jahr</td><td>AFK 11</td><td>Fertigkeiten zur Teilaufgabenaus-führung</td></tr>
<tr><td>AFK 6</td><td>Zeitliche Planbarkeit der Teilauf-gabenausführung</td><td></td><td></td></tr>
</table>

Bild 25: Zusammenfassung der Anforderungskriterien (AFK) zur Bewertung von Teilaufgaben

Unter Verwendung der definierten Anforderungskriterien und -stufen lassen sich die im Anhang 10.1 ausführlich beschriebenen Teilaufgaben (TA 1 - 16) für die eindeutigen FFS-Einsatztypen I bis V unter Berücksichtigung der jeweiligen, nicht restriktiven Systemgröße (vgl. Kap. 5.1.2) bewerten. Die Teil-aufgabe 17 (FFS-Personal planen und führen) wird davon ausgeklammert, weil sich deren Anforderun-gen erst aus den Gestaltungsvorschlägen zur Arbeitsorganisation und zum Personaleinsatz ableiten las-sen.

Grundsätzlich sind die Teilaufgaben ganzheitlich und in den für sie typischen Situationen, z. B. bei ge-störtem und ungestörtem Betrieb, zu betrachten und deren wesentlichen Anforderungen zu erfassen. Die Teilaufgaben dürfen vorab keiner gedanklichen Arbeitsteilung und -organisation unterzogen werden. Ein derartiges Vorgehen würde den arbeitsorganisatorischen und personalseitigen Gestaltungsspielraum subjektiv beeinflussen und die Gefahr der Übernahme bestehender Gestaltungskonzepte in sich bergen.

Auf die detaillierte Herleitung der einzelnen Anforderungsstufen pro Teilaufgabe und FFS-Einsatztyp wird aufgrund des damit verbundenen Umfanges verzichtet. Der Einfluß der Merkmale A bis E auf die Teilaufgaben wurde im Kapitel 3.3 aufgezeigt. Durch die Verwendung einheitlicher Entscheidungstabel-len ist die schrittweise Herleitung der FFS-einsatztypspezifischen Anforderungsprofile für alle Teilauf-gaben nachvollziehbar. Aus Praktikabilitätsgründen sind die FFS-einsatztypspezifischen Anforderungs-profile direkt den Kapiteln zur Ermittlung der Gestaltungsvorschläge für die einzelnen FFS-Einsatztypen I bis V zugeordnet (vgl. Kap. 5.2, 5.3, 5.4, 5.5, 5.6).

5.2 Ermittlung der Gestaltungsvorschläge für FFS-Einsatztyp I

Ausgehend von den im Kapitel 5.1 beschriebenen Gestaltungsgrundlagen wird nachfolgend FFS-einsatztypspezifisch auf:

- ✍ den Charakter der Systemarbeitsaufgabe (vgl. Kap. 5.2.1),
- ✍ den schichtartdifferenzierten FFS-Einsatz (vg. Kap. 5.2.2),
- ✍ die Auslegung des FFS-Verantwortungsbereiches (vgl. Kap. 5.2.3),
- ✍ die Arbeitsorganisation (vgl. Kap. 5.2.4) und
- ✍ den Personaleinsatz (vgl. Kap. 5.2.5)

eingegangen.

5.2.1 Charakterisierung der Systemarbeitsaufgabe

Ausgehend von dem im Abschnitt 5.1.3 ermittelten, teilaufgabenbezogenen Anforderungsprofil eines FFS-Einsatztyps I ohne größenbedingte Restriktionen lassen sich folgende vier Charakteristika für die Systemarbeitsaufgabe formulieren (Tab. 16). Zum einen ist die jährliche Wiederholhäufigkeit aller mit einem Auftragswechsel in Verbindung stehenden TA sehr gering. Davon betroffen sind die Teilaufgaben, wie Fertigungsaufträge vorbereiten (TA 1), Aufträge einfahren (TA 5), auftragswechselbedingtes Umrüsten und Werkzeuge wechseln (TA 6, 8) mit der Anforderungsstufe 0, d. h. es erfolgt keine Wiederholung im gleichen Jahr (Tab. 16). Zugleich ist der zu ihrer Ausführung benötigte einmalige Zeitaufwand vergleichsweise hoch. Insbesondere die Ausführung der TA 1 und 5 kann aufgrund ihrer engen Verflechtung und der hohen Optimierungsanforderungen mehrere Wochen dauern. Daraus resultiert, daß diese Teilaufgaben nicht zur Systemarbeitsaufgabe im produzierenden Alltag gehören.

Zum Zweiten erfährt die alltägliche Systemarbeitsaufgabe durch die Integration von Teilaufgaben, die der bereichsinternen Komplettbearbeitung und -behandlung der Fertigungsaufträge dienen, eine umfassende Erweiterung. Typische Vertreter sind das Entgraten und Reinigen von Werkstücken (TA 11) sowie Teilaufgaben an Nebenmaschinen und -plätzen (TA 12).

Drittens ist die Wiederholhäufigkeit einiger Teilaufgaben pro Tag so hoch, daß deren permanente und parallele Ausführung erforderlich ist. Dies betrifft die bereits genannten Teilaufgaben TA 10, 11 und 12, die von den Ausführenden nur ein Anlernniveau mit Arbeitserfahrung erfordern.

Viertens sind die Jahresstückzahlen pro Fertigungsauftrag so hoch, daß sich Rationalisierungsmaßnahmen lohnen, z. B.:

- hydraulisch spannende Vorrichtungen für das Spannen oder Palettieren der Werkstücke (TA 10),
- Entgrateinrichtungen und Durchlaufwaschmaschinen für das Entgraten und Reinigen der Werkstücke (TA 11) und
- Meßautomaten für das Prüfen und Beurteilen der Werkstücke (TA 13).

Anforderungskriterium \ Teilaufgabe	Fertigungsaufträge vorbereiten TA 1					Fertigungsaufträge einplanen TA 2					Fertigungsaufträge steuern TA 3					FFS wieder in Betrieb nehmen TA 4					Aufträge einfahren TA 5					Umrüsten bei Auftragswechsel TA 6				
Anforderungsstufe	0	1	2	3	4	0	1	2	3	4	0	1	2	3	4	0	1	2	3	4	0	1	2	3	4	0	1	2	3	4
1 Komplexität der TA					x	x							x				x							x						x
2 Räumliche FFS- Bindung					x	x						x							x					x						x
3 Einmaliger Zeitaufwand					x	x								x			x							x						x
4 Wiederholungen pro Tag	x						x				x						x					x					x			
5 Wiederholungen pro Jahr	x							x				x							x		x					x				
6 Zeitliche Planbarkeit	x						x								x	x					x					x				
7 Zeitliche Bindung	x						x				x								x		x					x				
8 Kooperationsumfang	x						x				x							x						x				x		
9 Kommunikat. m. Externen				x		x							x			x								x		x				
10 Kenntnisse u. Erfahrungen				x				x						x			x						x						x	
11 Fertigkeiten	x					x					x					x								x					x	

Legende: x Anforderungsstufe

Tab. 16/1: Anforderungsprofil der Systemarbeitsaufgabe (FFS-Einsatztyp I)

Teilaufgabe	WZ-Wechsel vor- und nachbereiten TA 7					WZ wechseln bei Auftragswechsel TA 8					WZ wechseln bei Verschleiß und Bruch TA 9					Werkstücke spannen oder palettieren TA 10					Werkstücke entgraten und reinigen TA 11				
Anforderungsstufe / Anforderungskriterium	0	1	2	3	4	0	1	2	3	4	0	1	2	3	4	0	1	2	3	4	0	1	2	3	4
1 Komplexität der TA			x					x					x				x				x				
2 Räumliche FFS- Bindung		x							x					x			o		x			x			
3 Einmaliger Zeitaufwand		x						x				x				x	o				x				
4 Wiederholungen pro Tag		x				x							x					o		x					x
5 Wiederholungen pro Jahr					x	x									x					x					x
6 Zeitliche Planbarkeit	x					x							x	o			x					x			
7 Zeitliche Bindung	x					x					x			o		o				x	x				
8 Kooperationsumfang	x					x					x					x					x				
9 Kommunikat. m. Externen			x			x					x					x					x				
10 Kenntnisse u. Erfahrungen			x					x					x			x					x				
11 Fertigkeiten				x				x					x				x						x		

Legende: TA 9 x   Anforderungsstufe bei abschätzbarem Verschleiß
                     o   abweichende Anforderungsstufe bei unerwartetem Verschleiß u. Bruch
            TA 10 x   Anforderungsstufe beim Spannen
                     o   abweichende Anforderungsstufe beim Palettieren

Tab. 16/2: Anforderungsprofil der Systemarbeitsaufgabe (FFS-Einsatztyp I)

Teilaufgabe	TA an Nebenmaschinen u. -plätzen TA 12					Werkstücke prüfen und beurteilen TA 13					Eingreifen bei Qualitätsabweichungen TA 14					Instandhalten und Warten TA 15					FFS umfassend reinigen TA 16				
Anforderungsstufe / Anforderungskriterium	0	1	2	3	4	0	1	2	3	4	0	1	2	3	4	0	1	2	3	4	0	1	2	3	4
1 Komplexität der TA	o	x					x						x						x			x			
2 Räumliche FFS- Bindung		x					x						x					x							x
3 Einmaliger Zeitaufwand	x						x						x					x						x	
4 Wiederholungen pro Tag			x				x						x			x							x		
5 Wiederholungen pro Jahr			x						x					x			x							x	
6 Zeitliche Planbarkeit		x					x							x					x		x				
7 Zeitliche Bindung			x				x						x					x				x			
8 Kooperationsumfang	x						x						x					x					x		
9 Kommunikat. m. Externen	x						x						x					x			x				
10 Kenntnisse u. Erfahrungen	x						x						x						x		x				
11 Fertigkeiten	o	x						x					x						x			x			

Legende: TA 12 x   Anforderungsstufe an Nebenmaschinen
                     o   abweichende Anforderungsstufe an Nebenarbeitsplätzen

Tab. 16/3: Anforderungsprofil der Systemarbeitsaufgabe (FFS-Einsatztyp I)

5.2.2 Schichtartdifferenzierter FFS-Einsatz

Entsprechend den für Rahmenauftragsfertiger von Großserien seltenen, meist nicht jährlichen Einfahrerfordernissen für neue Fertigungsaufträge und den sehr hohen Gesamtanforderungen, ist der Einfahrprozeß im Gegensatz zum produzierenden Arbeitsalltag als arbeitsorganisatorische Sondersituation anzusehen. Aufgrund der engen Zusammenarbeit von unterschiedlichen Fachbereichen und zum Teil auch Fremdunternehmen konzentriert sich die Ausführung der entsprechenden Teilaufgaben:

- Fertigungsaufträge vorbereiten (TA 1),

- Fertigungsaufträge einplanen (TA 2),

- Aufträge einfahren (TA 5),

- Umrüsten bei Auftragswechsel (TA 6) und

- Werkzeuge wechseln bei Auftragswechsel (TA 8)

auf die Tagschicht und bedarf einer speziellen Projektorganisation. Nach Abschluß der Anlaufphase, d. h. im Arbeitsalltag, bleibt der schichtartdifferenzierte FFS-Einsatz langfristig konstant. Aufgrund der Tatsache, daß bei diesem FFS-Einsatztyp Auftragswechsel und Eilaufträge bedeutungslos sind, entfallen die damit verbundenen TA so z. B. TA 6 (Umrüsten bei Auftragswechsel) und TA 8 (Werkzeuge wechseln bei Auftragswechsel).

Die Wiederholhäufigkeit der Teilaufgabe TA 10 (Werkstücke spannen oder palettieren) ist durch die geringe Bearbeitungszeit pro Werkstück sehr groß. Die systeminterne Pufferung aufgespannter Werkstücke ist durch die umfassende Mengenabhängigkeit und die kurzen Palettenlaufzeiten nur in geringem Umfang sinnvoll. Dies hat zur Folge, daß in allen Schichten gleich viel Aufspannpersonal benötigt wird. Die Voraussetzungen für den Systemauslauf oder -leerlauf ohne FFS-Personal sind somit nicht gegeben.

Der Spannbetrieb und die verschleißbezogene Werkzeugversorgung kennzeichnen unabhängig vom Wochentag die Früh-, Spät- und Nachtschichten (Tab. 17). Abweichungen davon ergeben sich nur zu Beginn jeder Arbeitswoche, nach Betriebsurlaub und bei komplexen Störungen des Gesamtsystems, wenn das FFS oder der FFS-Verbund wieder in Betrieb genommen werden muß (TA 4).

Schichtart Schichtlage	Frühschicht	Spätschicht	Nachtschicht
1. Schicht[1]	Wiederinbetriebnahme TA 4 Spannbetrieb TA 3, 10, 13, 14 Werkzeugversorgung TA 7, 9	---	---
2. - 14. Schicht	Spannbetrieb TA 3, 10, 13, 14 Werkzeugversorgung TA 7, 9	⇒ analog	⇒ analog
15. Schicht	---	---	⇓ analog

[1] Annahme: Frühschicht ist Beginn einer dreischichtigen Fünftagearbeitswoche

Legende: (TA 1 - 17) im Anhang 10.1 erläutert)

Tab. 17: Schichtartdifferenzierter FFS-Einsatz (FFS-Einsatztyp I)

5.2.3 Auslegung des FFS-Verantwortungsbereiches

Typisch für den FFS-Einsatztyp I und deshalb in der Praxis häufig anzutreffen ist die räumliche Konzentration mehrerer, ähnlicher Verantwortungsbereiche in einer Werkstatt. Die FFS oder FFS-Verbunde werden meist parallel zueinander angeordnet und durch gemeinsam zu benutzende Einrichtungen ergänzt. Die räumliche Ausdehnung der FFS und FFS-Verbunde sowie des Verantwortungsbereiches insgesamt prägt die geringe Größe der zu bearbeitenden Werkstücke (klein bis mittelgroß).

Die FFS-Verantwortungsbereiche kennzeichnen meist ein oder zwei FFS mit insgesamt zirka 8 bis 14 universellen Bearbeitungszentren und zum Teil auch Sonderbearbeitungsmaschinen (z. B. Tieflochbohrmaschinen). Die Bearbeitungsmaschinen sind meist durch lineare Schienentransportsysteme miteinander verbunden und sich gegenseitig ersetzend und ergänzend ausgelegt (z. B. werkzeugseitig). Die werkstückbezogenen Bearbeitungsfolgen werden fest statt wahlfrei den Bearbeitungsmaschinen zugeordnet und zeitlich abgestimmt.

Ein weiteres Merkmal sind die ausschließlich für das Auf-, Um- und Abspannen der Werkstücke benötigten Spannplätze. Diese sollten, soweit es der systeminterne Werkstückfluß gestattet, räumlich zusammengefaßt sein, damit komplexere Arbeitszonen für das Aufspannpersonal bildbar sind. Die großen Entfernungen zwischen den Spannzonen erfordern den Einsatz von Springern. Die gleiche Problematik betrifft die Anordnung von Nebenmaschinen im FFS-Verantwortungsbereich, insbesondere Maschinen zur Vor- und Folgebearbeitung. Der systemexterne Werkstückfluß ist aufgrund der hohen Gesamtstückzahlen und der geringen Auftragsvielfalt analog dem systeminternen gerichtet und optimiert. Dadurch ist die Gefahr sehr hoch, daß Transporteinrichtungen wie z. B. Rollenbandförderer die direkte Zugänglich-

keit zu den Arbeitsstellen einschränken und damit zur Wegverlängerung beitragen. Anstatt der Spannplätze werden für FFS mit systeminterner, automatischer Werkstückhandhabung und -spannung die
entsprechenden Palettierplätze eingerichtet.

Zentrale, automatische Werkzeugspeicher und -versorgungssysteme sind in Anbetracht der ausschließlich verschleiß- und bruchbezogenen Werkzeugversorgung gegenstandslos. Der Werkzeugwechsel erfolgt direkt an den einzelnen Bearbeitungsmaschinen von Hand. Für die Werkzeugversorgung empfiehlt
sich die Integration eines eigenen Werkzeuglagers in den Verantwortungsbereich, denn sämtliche Werkzeuge sollten zur Gewährleistung der Verfügbarkeit ausschließlich dem bereichsinternen Einsatz vorbe-
halten sein. Trotz des Einsatzes von Sonderwerkzeugen kann der Lagerumfang durch die Verwendung
von Werkzeugen mit Wendeschneidplatten erheblich reduziert werden. Der Bereich der Werkzeugaufbe-
reitung und -voreinstellung ist als eine separate Arbeitszone zu definieren. In dieser kann aufgrund der
höheren Anforderungen an Sauberkeit zugleich der Systemrechner stationiert werden. Leitstände sind
für diesen FFS-Einsatztyp auf der Ebene der FFS-Verantwortungsbereiche nicht erforderlich.

Innerhalb des FFS-Verantwortungsbereiches müssen fünf bis sechs verschiedene Arbeitszonen gebildet
werden. Diese lassen sich wie folgt differenzieren:

<u>Arbeitszone für Vorarbeiter V* 1 (primär TA 3, 4, 7, 17)</u>

- im Bereich des Werkzeuglagers mit Werkzeugvoreinstellgerät und Systemrechner
- Anzahl im FFS-Verantwortungsbereich = 1

<u>Arbeitszone für Vorarbeiter V* 2 (primär TA 4, 9, 14)</u>

- im Bereich der verketteten Bearbeitungsmaschinen (Werkzeugein/-ausgabe) und Nebenmaschinen
- Anzahl im FFS-Verantwortungsbereich = zirka 2 - 3

<u>Arbeitszone für Springer als Aufspanner A*1-S</u>

- im Bereich sämtlicher Spann-, Entgrat- und Kontrollplätze am FFS und Arbeitsstellen an
  Nebenmaschinen/-plätzen
- Anzahl im FFS-Verantwortungsbereich = zirka 1 - 2

<u>Arbeitszone für Aufspanner A* 1 (TA 10, 13)</u>

- im Bereich der Spann-, Entgrat- und Kontrollplätze am FFS
- Anzahl im FFS-Verantwortungsbereich = zirka 2 - 3

<u>Arbeitszone für Aufspanner A* 2 (primär TA 12, 13)</u>

- im Bereich der unverketteten Nebenmaschinen (Bearbeitungsmaschinen)
- Anzahl im FFS-Verantwortungsbereich = zirka 1 - 2

<u>Arbeitszone für Hilfskraft H* 1</u>

- im Bereich von Nebenmaschinen und -plätzen (keine Bearbeitungsmaschinen)
- Anzahl im FFS-Verantwortungsbereich = zirka 1 - 2

5.2.4   Arbeitsorganisation

Ausgehend von den bisherigen Ausführungen zum FFS-Einsatztyp I lassen sich erfahrungsbasiert die arbeitsorganisatorischen Gestaltungsvorschläge herleiten. Aus Gründen der Übersichtlichkeit wird an dieser Stelle auf die detaillierte, schichtart- und teilaufgabendifferenzierte Herleitung und Erläuterung mit dem Verweis auf den Anhang (vgl. Anhang. 10.5) verzichtet. Die Tabellen 49 bis 51 zeigen die Aufgabenverteilung auf die fiktiven MA des FFS-Verantwortungsbereiches und auf die externen Fachbereiche. Darüber hinaus gestatten diese die erforderlichen Formen der bereichsinternen und -übergreifenden Zusammenarbeit teilaufgabenbezogen abzulesen. Nachfolgend werden anhand von Beschäftigtengruppen die FFS-einsatztypspezifischen Grundsätze zur Arbeitsverteilung und -organisation zusammen gefaßt.

Um den Anforderungen einer effizienten Arbeitsorganisation zu entsprechen, wurde ein hoher zweckbezogener Integrationsgrad der Teilaufgabenausführung in den FFS-Verantwortungsbereich verwirklicht (vgl. Anhang 10.5). Im Interesse einer möglichst geringen, bereichsinternen Arbeitsteilung und komplexer Arbeitsaufgaben, sind vier verschiedene Beschäftigtengruppen zu definieren (Bild 26).

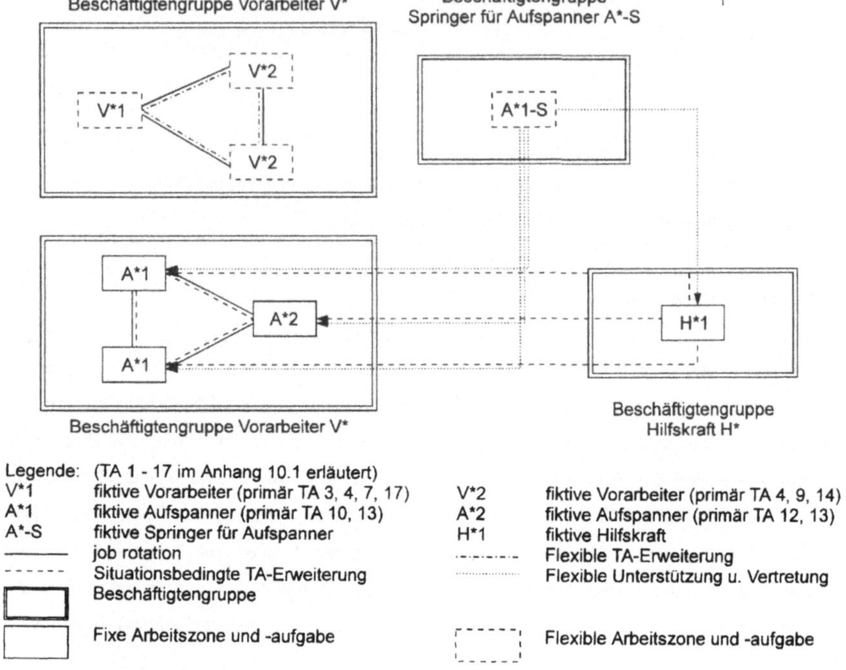

Bild 26: Arbeitsorganisation innerhalb des FFS-Verantwortungsbereiches (FFS-Einsatztyp I)

Beschäftigtengruppe Vorarbeiter V*

Innerhalb der Beschäftigtengruppe Vorarbeiter V* müssen aufgrund der teilaufgabenspezifischen Anforderungen zwei verschiedene Arbeitszonen und Teilaufgabenkombinationen festgelegt werden (V* 1 und V* 2). Die Teilaufgabenkombination des MA im Werkzeuglagerbereich (V* 1) beinhaltet primär die Teilaufgaben:

- Fertigungsaufträge steuern (TA 3),
- FFS wieder in Betrieb nehmen (TA 4),
- Werkzeugwechsel vor- und nachbereiten (TA 7) und
- FFS-Personal planen und führen (TA 17).

Im Gegensatz dazu erfüllen die Vorarbeiter V* 2 in den Arbeitszonen V* 2 direkt am FFS oder am FFS-Verbund primär die dort anfallenden Teilaufgaben:

- FFS wieder in Betrieb nehmen (TA 4),
- Werkzeuge bei Verschleiß und Bruch wechseln (TA 9) und
- Eingreifen bei Qualitätsabweichungen (TA 14).

Zur Gewährleistung der gegenseitigen Unterstützung, Ersetzbarkeit bei kurz- bis mittelfristigen Ausfällen einzelner MA, gleichmäßiger MA-Auslastung und gleich hoher Anforderungen werden die Arbeitszonen V* 1 und V* 2 flexibel ausgelegt und ein Rotationsprinzip zwischen diesen vorgesehen. Dadurch werden alle MA trotz der räumlichen Ausdehnung des FFS-Verantwortungsbereiches in die Lage versetzt, alle TA ausführen zu können.

Beschäftigtengruppe Aufspanner A*

Die Definition der zweiten Beschäftigtengruppe Aufspanner A* erweist sich aufgrund der spezifischen Anforderungen der Teilaufgaben:

- Werkstücke spannen oder palettieren (TA 10),
- TA an Nebenmaschinen oder -plätzen (TA 12) und
- Eingreifen bei Qualitätsabweichungen (TA 14)

als zweckmäßig. Die hohe räumliche, zeitliche und kapazitive Bindung des Aufspannpersonals widerspricht einer Erweiterung des Teilaufgabenumfangs der Beschäftigtengruppe Vorarbeiter V*. Dem job enrichment durch das Entgraten und Waschen der Werkstücke (TA 11) stehen die fehlenden oder sehr eingeschränkten zeitlichen Freiräume und die starke räumliche Bindung an Nebenmaschinen und -plätzen entgegen. Für die Beschäftigtengruppe Aufspanner A* wird aus den gleichen Gründen zwischen den Arbeitszonen A* 1 (Spannplätze an den FFS) und den Arbeitszonen A* 2 (Spannplätze an separaten Bearbeitungsmaschinen) unterschieden. Die Teilaufgabenkombination der fiktiven Aufspanner A* 1 wird durch die Teilaufgaben TA 10 (Werkstücke spannen oder palettieren) und TA 13 (Werkstücke prüfen und beurteilen) geprägt. Die der fiktiven Aufspanner A* 2 unterscheidet sich davon nur durch die Ausführung an Nebenmaschinen (TA 12).

Die Erfüllung der Teilaufgaben in den Arbeitszonen A* 1 und A* 2 gestattet nur eine situationsbedingte Aufgabenerweiterung und gegenseitige Unterstützung der einzelnen MA. Zur Erhöhung des Anforderungsniveaus der einzelnen MA und ihrer Disponibilität sollte deshalb das Rotationsprinzip zwischen den einzelnen Arbeitsplätzen auch hier zum Tragen kommen.

Beschäftigtengruppe Springer für Aufspanner A*-S

Zur Kompensation von kurzzeitigen Auslastungsspitzen und Ausfällen einzelner Aufspanner A* und Hilfskräfte H* sind entsprechend dem Prinzip „Freier Bediener" Springer A*-S einzusetzen. Die Arbeitszone für den Springer A* 1-S ist flächenmäßig dementsprechend groß ausgedehnt. Die Praxiserfahrungen zeigen, daß die notwendige, stetige Umsichtigkeit und kurzfristige Disponibilität nicht von allen MA der Beschäftigtengruppen A* und H* erwartet werden kann. Unter diesen Umständen sollte auf ein generelles Rotationsprinzip zwischen den Arbeitszonen A* 1, A* 2, H* 1 und A* 1-S verzichtet werden.

Beschäftigtengruppe Hilfskraft H*

Zumeist ist es in den FFS-Verantwortungsbereichen werkstückflußseitig sinnvoll, separate Arbeitszonen für das Entgraten und Reinigen der Werkstücke (TA 11) und einige TA an Nebenmaschinen und -plätzen (TA 12) zu definieren. Durch eine räumliche Konzentration von Arbeitsstellen, an denen nur ein Anlernniveau zur Ausführung der Teilaufgaben erforderlich ist, bietet sich die formale Festlegung der Beschäftigtengruppe Hilfskräfte H* an. Situationsabhängig sollten diese Hilfskräfte H* die Aufspanner A* bei einfachen Teilfunktionen unterstützen können.

5.2.5 Personaleinsatz

Unter Zuhilfenahme der Tabellen 49 bis 51 im Anhang 10.5 lassen sich die einzelnen Teilaufgaben zu formalen Arbeitsaufgaben der Beschäftigtengruppen zusammenfassen oder den Fachbereichen sowie externen Unternehmen zuordnen (Tab. 18 und Tab. 19). Gemäß den Vorschlägen zur bereichsinternen Arbeitsorganisation setzen sich die Arbeitsaufgaben der Beschäftigtengruppe Vorarbeiter V* aus den Teilaufgabenkombinationen der fiktiven MA V* 1 und V* 2 zusammen. Analog wurde bei der Bildung der Arbeitsaufgaben für die Beschäftigtengruppe Aufspanner A* verfahren.

Die formulierten Anforderungen an die Kenntnisse, Erfahrungen und Fertigkeiten resultieren für alle Beschäftigtengruppen aus ihrer formalen Arbeitsaufgabe (Tab. 18). Die Qualifikationsanforderungen an die einzelnen Beschäftigtengruppen sind zum Teil sehr unterschiedlich. Aufgrund der großen Anzahl von MA der Beschäftigtengruppen Aufspanner A* und Hilfskräfte H* in allen FFS-Einsatzschichten sollten im Interesse geringer Personalkosten nur Mitarbeiter mit Anlernniveau (Anforderungsstufe AFS = 0) zum Einsatz kommen.

Beschäftigtengruppe		Teilaufgaben (TA) als Grundaufgaben	Teilaufgaben (TA) als Zusatzaufgaben	Kenntnisse und Erfahrungen (AFK 10)	Fertigkeiten (AFK 11)
V*	Vorarbeiter (V* =V* 1 + V* 2)	[2], 3, 4, 7, 9, 14, [15], 17	5, 6, 8, 13	AFS 3	hoch
A*-S	Springer für Aufspanner (A*-S = A* 1-S)	10, 11, 12, 13, [14]	[15]	AFS 1	hoch
A*	Aufspanner (A* = A* 1 + A* 2)	10, 12, 13		AFS 0	hoch
H*	Hilfskraft (H* = H* 1)	11, 12	10	AFS 0	mittel

Legende: (TA 1 - 17 im Anhang 10.1, AFK 10 u. 11 mit jeweiligen AFS im Anhang 10.4 erläutert)
[ ]   anteilige TA-Ausführung
AFS 0   Anforderungsstufe für AFK 10: Anlernniveau mit Arbeitserfahrung
AFS 1   Anforderungsstufe für AFK 10: CNC-Facharbeiterniveau mit Arbeitserfahrung
AFS 3   Anforderungsstufe für AFK 10: CNC-Facharbeiterniveau mit umfassender Arbeitserfahrung
      u. Sozialkompetenz für Führungsaufgaben

Tab. 18: Formale Anforderungen ans FFS-Personal (FFS-Einsatztyp I)

Neben den erläuterten arbeitsorganisatorischen Gründen sprechen auch qualifikationsseitige für die Übertragung einzelner TA auf externe Fachbereiche und -unternehmen (Tab. 19).

Fachbereiche u. -unternehmen		Bereichsintern ausgeführte Teilaufgaben (TA)	Bereichsextern ausgeführte Teilaufgaben (TA)	Kenntnisse und Erfahrungen (AFK 10)	Fertigkeiten (AFK 11)
AV	Arbeitsvorbereitung		1	AFS 4	keine
PR	NC-Programmierung	[5]	1	AFS 4	keine
WP	Werksplanung		1	AFS 4	keine
QW	Qualitätswesen		1	AFS 4	keine
VB/VBU	Vorrichtungsbau/-unternehmen	[6]	1, 6	AFS 4	sehr hoch
WL/WS	Werkzeuglager/-schleiferei		[7]	AFS 4	sehr hoch
LO	Logistik		2	AFS 4	keine
ME	Meister	[17]	17	AFS 3	keine
MR	Meßraum		13	AFS 4	hoch
IH	Instandhaltung	15	[15]	AFS 4	sehr hoch
RSU	Reinigungsserviceunternehmen	16		AFS 0	gering

Legende: (TA 1 - 17 im Anhang 10.1, AFK 10 u. 11 mit jeweiligen AFS im Anhang 10.4 erläutert)
[ ]   anteilige TA-Ausführung
AFS 0   Anforderungsstufe für AFK 10: Anlernniveau mit Arbeitserfahrung
AFS 3   Anforderungsstufe für AFK 10: CNC-Facharbeiterniveau mit umfassender Arbeitserfahrung
      u. Sozialkompetenz für Führungsaufgaben
AFS 4   Anforderungsstufe für AFK 10: Niveau entspricht Spezialisierung in anderem Fachgebiet

Tab. 19: Formale Anforderungen an externe Fachbereiche und -unternehmen (FFS-Einsatztyp I)

Für den FFS-Einsatztyp I ist es charakteristisch, daß die Stärke der Beschäftigtengruppen in Abhängigkeit von der Schichtart nicht variiert. Ein weiteres Merkmal des Personaleinsatzes ist zudem die große Anzahl von angelerntem Aufspannpersonal A* und Hilfskräften H* im Verhältnis zu den höher qualifizierten MA der Beschäftigtengruppe Vorarbeiter V*. Die Tabelle 20 zeigt die auf Erfahrungen beruhenden, logisch hergeleiteten und an der Praxis orientierten Personalstärken für einen FFS-Verantwortungsbereich. Die exakte Bestimmung der MA-Anzahl muß einsatzfallweise unter Zuhilfenahme zeitdynamischer Analysen erfolgen.

Beschäftigtengruppe	Schichtart	Tag-schicht	Früh-schicht	Spät-schicht	Nacht-schicht	Sonder-schicht
V*	Vorarbeiter (V* =V* 1 + V* 2)	---	2 - 4	2 - 4	2 - 4	1 - 2
A*-S	Springer für Aufspanner (A*-S = A* 1-S)	---	1 - 2	1 - 2	1 - 2	---
A*	Aufspanner (A* = A* 1 + A* 2)	---	$2 - 4\,R^1$	$2 - 4\,R^1$	$2 - 4\,R^1$	---
H*	Hilfskraft (H* = H* 1)	---	1 - 2	1 - 2	1 - 2	---

Legende:

---   Schichtart ohne Bedeutung R^1 Reduzierung bei Werkstückpalettierung möglich

Tab. 20: Stärke der Beschäftigtengruppen im FFS-Verantwortungsbereich (FFS-Einsatztyp I)

Im Gegensatz zum dreischichtigen Einsatz der Beschäftigtengruppen des FFS-Verantwortungsbereiches können die mit der langfristigen Vorbereitung der Fertigungsaufträge (TA 1) betrauten Fachbereiche und -unternehmen in der Tagschicht arbeiten. Gleichfalls erfordert die Einplanung der Fertigungsaufträge (TA 2) für den FFS-Verantwortungsbereich nur eine einschichtige Anwesenheit der Logistik LO. Die Wahrnehmung der TA 17 (FFS-Personal planen und führen) durch den Meister läßt sich im Normalfall auf die Tagschicht mit bedarfsbezogener Gleitzeit konzentrieren. Zur unterstützenden Prüfung und Beurteilung der Werkstücke (TA 13) und zur Klärung spezieller Probleme muß der Meßraum dreischichtig besetzt sein. In der Nachtschicht ist eine Reduktion des Fachpersonals meist möglich. Die fachliche Spezialisierung des Instandhaltungspersonals ist so hoch (AFK 10 u. 11, AFS = 4), daß, um Kosten zu sparen, die Abrufbereitschaft in der Nachtschicht eine sinnvolle Alternative zum dreischichtigen MA-Einsatz darstellt. Zur Vermeidung von Ausfallzeiten wegen der Durchführung von umfassenden Reinigungsarbeiten (TA 16) sollte der Reinigungsservice nur in Sonderschichten im FFS-Verantwortungsbereich tätig sein.

5.3   Ermittlung der Gestaltungsvorschläge für FFS-Einsatztyp II

Ausgehend von den im Kapitel 5.1 beschriebenen Gestaltungsgrundlagen wird nachfolgend FFS-einsatztypspezifisch auf:

    ℛ den Charakter der Systemarbeitsaufgabe (vgl. Kap. 5.3.1),

    ℛ den schichtartdifferenzierten FFS-Einsatz (vg. Kap. 5.3.2),

    ℛ die Auslegung des FFS-Verantwortungsbereiches (vgl. Kap. 5.3.3),

    ℛ die Arbeitsorganisation (vgl. Kap. 5.3.4) und

    ℛ den Personaleinsatz (vgl. Kap. 5.3.5)

eingegangen. Für den FFS-Einsatztyp II treffen im wesentlichen die Vorschläge zum schichtartdifferenzierten FFS-Einsatz des FFS-Einsatztyp I zu. Die Gründe dafür liegen in den vergleichbaren, nicht restriktiven Systemgrößen, gleichen Ausprägungen der typologischen Merkmale Kundenauftrag (A.a), Fertigungsauftrag (B.a), Werkstückgröße (E.a) und in der ähnlichen Fertigungsart (C.a und C.b). Daraus resultiert, daß auch beim FFS-Einsatztyp II das Einfahren neuer Fertigungsaufträge und Auftragswechsel eine sehr seltene, d. h. nicht alltägliche, sondern besondere Anforderung an das FFS-Personal darstellen.

5.3.1   Charakterisierung der Systemarbeitsaufgabe

Die Anforderungen an die Systemarbeitsaufgabe des FFS-Einsatztyps II sind denen des FFS-Einsatztyps I sehr ähnlich (Tab. 21). Die vier genannten Charakteristika des FFS-Einsatztyps I treffen grundsätzlich in abgeschwächter Form zu.

Als erstes Charakteristikum ist die Sonderstellung der mit dem Auftragswechsel verbundenen Teilaufgaben, wie Fertigungsaufträge vorbereiten (TA 1), Aufträge einfahren (TA 5), auftragswechselbedingtes Umrüsten und Werkzeuge wechseln (TA 6, 8) zu nennen, obwohl deren Ausführung bereits einige Male pro Jahr (Anforderungskriterium AFK 5 = 1) notwendig ist. Der zur Ausführung der Teilaufgaben TA 5, 6 und 8 benötigte einmalige Zeitaufwand ist mehrtägig (AFK 3 = 3). Im Gegensatz zum FFS-Einsatztyp I besteht in der Regel die Forderung, neben weiterlaufenden Fertigungsaufträgen zum Ersatz ausgelaufener Serien neue Fertigungsaufträge zu übernehmen. Durch eine zum normalen Spannbetrieb parallele und schrittweise Ausführung der Teilaufgaben gilt es die auftragswechselbedingten FFS-Stillstandzeiten so minimal als möglich zu halten.

Das zweite Merkmal, die Integration von Teilaufgaben zur Erhöhung des Grades der bereichsinternen Komplettbearbeitung und -behandlung der Fertigungsaufträge konzentriert sich auf die TA 11, d. h. das

Entgraten und Reinigen der Werkstücke. Nur bei besonderer Eignung des Werkstückspektrums werden noch Nebenmaschinen, z. B. zur Kleinmontage, eingesetzt. Die Einrichtung von Nebenarbeitsplätzen ist aber aufgrund deren größeren werkstück- und mengenseitigen Flexibilität und geringeren Kosten häufig noch effizient.

Auch das dritte Charakteristikum trifft im wesentlichen zu. Die Teilaufgaben Werkstücke spannen oder palettieren (TA 10) und entgraten (TA 11) sowie zum Teil auch die Nebentätigkeiten (TA 12) müssen permanent oder parallel ausgeführt werden. Durch die größere Werkstückvielfalt erhöhen sich die qualifikationsseitigen Anforderungen beim Auf-, Um- und Abspannen der Werkstücke (TA 10) sowie bei der Selbstkontrolle (TA 13). Erfahrungsgemäß führt hier der Einsatz von Anlernpersonal, z. B. durch Aufspannfehler, zu Effizienzverlusten.

Die unter Viertens genannten Rationalisierungspotentiale bei der Ausführung einzelner Teilaufgaben bestehen mit Ausnahme der TA 3 (Fertigungsaufträge steuern) auch beim FFS-Einsatztyp II.

Ein fünftes Charakteristikum zeigt die Notwendigkeit spezieller Vorschläge zur Arbeitsorganisation und zum Personaleinsatz für den FFS-Einsatztyp II auf. Es beschreibt die Tatsache, daß die Höhe der Anforderungen aus der Teilaufgabe Fertigungsaufträge steuern (TA 3) den täglichen Einsatz eines Leitrechners in einem bereichsinternen Leitstand erforderlich macht. Die Komplexität der Teilaufgabe ist jedoch aufgrund der ausschließlich mengenbezogenen, steuernden Eingriffe weniger hoch (Anforderungskriterium AFK 1 = 2).

Teilaufgabe / Anforderungskriterium	Fertigungsaufträge vorbereiten (TA 1)					Fertigungsaufträge einplanen (TA 2)					Fertigungsaufträge steuern (TA 3)				
Anforderungsstufe	0	1	2	3	4	0	1	2	3	4	0	1	2	3	4
1 Komplexität der TA				x			x						x		
2 Räumliche FFS-Bindung				x		x						x			
3 Einmaliger Zeitaufwand				x		x						x			
4 Wiederholungen pro Tag	x					x					x				
5 Wiederholungen pro Jahr		x					x					x			
6 Zeitliche Planbarkeit	x					x									x
7 Zeitliche Bindung	x					x						x			
8 Kooperationsumfang	x					x					x				
9 Kommunikat. m. Externen				x			x						x		
10 Kenntnisse u. Erfahrungen				x					x					x	
11 Fertigkeiten	x					x					x				

Teilaufgabe / Anforderungskriterium	FFS wieder in Betrieb nehmen (TA 4)					Aufträge einfahren (TA 5)					Umrüsten bei Auftragswechsel (TA 6)				
Anforderungsstufe	0	1	2	3	4	0	1	2	3	4	0	1	2	3	4
1 Komplexität der TA			x							x					x
2 Räumliche FFS-Bindung				x					x						x
3 Einmaliger Zeitaufwand		x							x			x			
4 Wiederholungen pro Tag	x					x					x				
5 Wiederholungen pro Jahr				x			x					x			
6 Zeitliche Planbarkeit	x					x					x				
7 Zeitliche Bindung				x		x					x				
8 Kooperationsumfang		x							x				x		
9 Kommunikat. m. Externen	x									x		x			
10 Kenntnisse u. Erfahrungen			x					x					x		
11 Fertigkeiten	x								x				x		

Legende: x   Anforderungsstufe

Tab. 21/1: Anforderungsprofil der Systemarbeitsaufgabe (FFS-Einsatztyp II)

<table>
<tr><td rowspan="3">Teilaufgabe
Anforderungskriterium</td><td colspan="5">WZ-Wechsel vor- und nachbereiten</td><td colspan="5">WZ wechseln bei Auftragswechsel</td><td colspan="5">WZ wechseln bei Verschleiß und Bruch</td><td colspan="5">Werkstücke spannen oder palettieren</td><td colspan="5">Werkstücke entgraten und reinigen</td></tr>
<tr><td colspan="5">TA 7</td><td colspan="5">TA 8</td><td colspan="5">TA 9</td><td colspan="5">TA 10</td><td colspan="5">TA 11</td></tr>
<tr><td>0</td><td>1</td><td>2</td><td>3</td><td>4</td><td>0</td><td>1</td><td>2</td><td>3</td><td>4</td><td>0</td><td>1</td><td>2</td><td>3</td><td>4</td><td>0</td><td>1</td><td>2</td><td>3</td><td>4</td><td>0</td><td>1</td><td>2</td><td>3</td><td>4</td></tr>
<tr><td>1 Komplexität der TA</td><td></td><td>x</td><td></td><td></td><td></td><td></td><td>x</td><td></td><td></td><td></td><td></td><td>x</td><td></td><td></td><td></td><td></td><td>x</td><td></td><td></td><td></td><td>x</td><td></td><td></td><td></td><td></td></tr>
<tr><td>2 Räumliche FFS- Bindung</td><td>x</td><td></td><td></td><td></td><td></td><td></td><td></td><td>x</td><td></td><td></td><td></td><td></td><td>x</td><td></td><td></td><td></td><td>o</td><td></td><td>x</td><td></td><td>x</td><td></td><td></td><td></td><td></td></tr>
<tr><td>3 Einmaliger Zeitaufwand</td><td>x</td><td></td><td></td><td></td><td></td><td></td><td></td><td>x</td><td></td><td></td><td></td><td>x</td><td></td><td></td><td></td><td>x</td><td>o</td><td></td><td></td><td></td><td>x</td><td></td><td></td><td></td><td></td></tr>
<tr><td>4 Wiederholungen pro Tag</td><td>x</td><td></td><td></td><td></td><td></td><td></td><td>x</td><td></td><td></td><td></td><td></td><td></td><td>x</td><td></td><td></td><td></td><td></td><td>o</td><td>x</td><td></td><td></td><td></td><td></td><td></td><td>x</td></tr>
<tr><td>5 Wiederholungen pro Jahr</td><td></td><td></td><td>x</td><td></td><td></td><td></td><td>x</td><td></td><td></td><td></td><td></td><td></td><td></td><td>x</td><td></td><td></td><td></td><td></td><td>x</td><td></td><td></td><td></td><td></td><td></td><td>x</td></tr>
<tr><td>6 Zeitliche Planbarkeit</td><td>x</td><td></td><td></td><td></td><td></td><td></td><td>x</td><td></td><td></td><td></td><td></td><td></td><td>x</td><td>o</td><td></td><td></td><td>x</td><td></td><td></td><td></td><td></td><td>x</td><td></td><td></td><td></td></tr>
<tr><td>7 Zeitliche Bindung</td><td>x</td><td></td><td></td><td></td><td></td><td></td><td></td><td>x</td><td></td><td></td><td>x</td><td></td><td></td><td>o</td><td></td><td>o</td><td></td><td></td><td>x</td><td></td><td>x</td><td></td><td></td><td></td><td></td></tr>
<tr><td>8 Kooperationsumfang</td><td>x</td><td></td><td></td><td></td><td></td><td></td><td>x</td><td></td><td></td><td></td><td>x</td><td></td><td></td><td></td><td></td><td></td><td>x</td><td></td><td></td><td></td><td>x</td><td></td><td></td><td></td><td></td></tr>
<tr><td>9 Kommunikat. m. Externen</td><td></td><td>x</td><td></td><td></td><td></td><td>x</td><td></td><td></td><td></td><td></td><td></td><td>x</td><td></td><td></td><td></td><td>x</td><td></td><td></td><td></td><td></td><td>x</td><td></td><td></td><td></td><td></td></tr>
<tr><td>10 Kenntnisse u. Erfahrungen</td><td></td><td>x</td><td></td><td></td><td></td><td></td><td></td><td>x</td><td></td><td></td><td></td><td>x</td><td></td><td></td><td></td><td>x</td><td></td><td></td><td></td><td></td><td>x</td><td></td><td></td><td></td><td></td></tr>
<tr><td>11 Fertigkeiten</td><td></td><td></td><td>x</td><td></td><td></td><td></td><td>x</td><td></td><td></td><td></td><td></td><td></td><td>x</td><td></td><td></td><td></td><td>x</td><td></td><td></td><td></td><td></td><td></td><td>x</td><td></td><td></td></tr>
</table>

Legende:
TA 9 x Anforderungsstufe bei abschätzbarem Verschleiß
     o abweichende Anforderungsstufe bei unerwartetem Verschleiß u. Bruch
TA 10 x Anforderungsstufe beim Spannen
     o abweichende Anforderungsstufe beim Palettieren

Tab. 21/2: Anforderungsprofil der Systemarbeitsaufgabe (FFS-Einsatztyp II)

<table>
<tr><td rowspan="3">Teilaufgabe
Anforderungskriterium</td><td colspan="5">TA an Nebenmaschinen u. -plätzen</td><td colspan="5">Werkstücke prüfen und beurteilen</td><td colspan="5">Eingreifen bei Qualitätsabweichungen</td><td colspan="5">Instandhalten und Warten</td><td colspan="5">FFS umfassend reinigen</td></tr>
<tr><td colspan="5">TA 12</td><td colspan="5">TA 13</td><td colspan="5">TA 14</td><td colspan="5">TA 15</td><td colspan="5">TA 16</td></tr>
<tr><td>0</td><td>1</td><td>2</td><td>3</td><td>4</td><td>0</td><td>1</td><td>2</td><td>3</td><td>4</td><td>0</td><td>1</td><td>2</td><td>3</td><td>4</td><td>0</td><td>1</td><td>2</td><td>3</td><td>4</td><td>0</td><td>1</td><td>2</td><td>3</td><td>4</td></tr>
<tr><td>1 Komplexität der TA</td><td>o</td><td>x</td><td></td><td></td><td></td><td></td><td>x</td><td></td><td></td><td></td><td></td><td></td><td>x</td><td></td><td></td><td></td><td></td><td></td><td>x</td><td></td><td>x</td><td></td><td></td><td></td><td></td></tr>
<tr><td>2 Räumliche FFS- Bindung</td><td></td><td>x</td><td></td><td></td><td></td><td></td><td>x</td><td></td><td></td><td></td><td></td><td></td><td>x</td><td></td><td></td><td></td><td></td><td>x</td><td></td><td></td><td></td><td></td><td></td><td></td><td>x</td></tr>
<tr><td>3 Einmaliger Zeitaufwand</td><td>x</td><td></td><td></td><td></td><td></td><td></td><td>x</td><td></td><td></td><td></td><td></td><td>x</td><td></td><td></td><td></td><td></td><td></td><td>x</td><td></td><td></td><td></td><td></td><td>x</td><td></td><td></td></tr>
<tr><td>4 Wiederholungen pro Tag</td><td></td><td>x</td><td></td><td></td><td></td><td></td><td></td><td>x</td><td></td><td></td><td></td><td>x</td><td></td><td></td><td></td><td>x</td><td></td><td></td><td></td><td></td><td></td><td>x</td><td></td><td></td><td></td></tr>
<tr><td>5 Wiederholungen pro Jahr</td><td></td><td></td><td>x</td><td></td><td></td><td></td><td></td><td></td><td></td><td>x</td><td></td><td></td><td></td><td>x</td><td></td><td></td><td>x</td><td></td><td></td><td></td><td></td><td></td><td>x</td><td></td><td></td></tr>
<tr><td>6 Zeitliche Planbarkeit</td><td></td><td>x</td><td></td><td></td><td></td><td></td><td>x</td><td></td><td></td><td></td><td></td><td></td><td></td><td>x</td><td></td><td></td><td></td><td></td><td>x</td><td></td><td>x</td><td></td><td></td><td></td><td></td></tr>
<tr><td>7 Zeitliche Bindung</td><td>x</td><td></td><td></td><td></td><td></td><td></td><td></td><td>x</td><td></td><td></td><td></td><td>x</td><td></td><td></td><td></td><td></td><td>x</td><td></td><td></td><td></td><td>x</td><td></td><td></td><td></td><td></td></tr>
<tr><td>8 Kooperationsumfang</td><td>x</td><td></td><td></td><td></td><td></td><td>x</td><td></td><td></td><td></td><td></td><td></td><td>x</td><td></td><td></td><td></td><td></td><td>x</td><td></td><td></td><td></td><td></td><td></td><td>x</td><td></td><td></td></tr>
<tr><td>9 Kommunikat. m. Externen</td><td>x</td><td></td><td></td><td></td><td></td><td>x</td><td></td><td></td><td></td><td></td><td></td><td>x</td><td></td><td></td><td></td><td></td><td>x</td><td></td><td></td><td></td><td>x</td><td></td><td></td><td></td><td></td></tr>
<tr><td>10 Kenntnisse u. Erfahrungen</td><td>x</td><td></td><td></td><td></td><td></td><td></td><td>x</td><td></td><td></td><td></td><td></td><td></td><td>x</td><td></td><td></td><td></td><td></td><td></td><td>x</td><td></td><td>x</td><td></td><td></td><td></td><td></td></tr>
<tr><td>11 Fertigkeiten</td><td>o</td><td>x</td><td></td><td></td><td></td><td></td><td></td><td>x</td><td></td><td></td><td></td><td></td><td>x</td><td></td><td></td><td></td><td></td><td></td><td>x</td><td></td><td></td><td>x</td><td></td><td></td><td></td></tr>
</table>

Legende
TA 12 x Anforderungsstufe an Nebenmaschinen
     o abweichende Anforderungsstufe an Nebenarbeitsplätzen

Tab. 21/3: Anforderungsprofil der Systemarbeitsaufgabe (FFS-Einsatztyp II)

5.3.2 Schichtartdifferenzierter FFS-Einsatz

Den Alltagseinsatz des FFS-Einsatztyps II prägt der fast schichtartkonstante Spannbetrieb mit den Teilaufgaben:

- Fertigungsaufträge einplanen und steuern (TA 2, 3),
- Werkstücke spannen oder palettieren (TA 10) sowie
- Werkstücke prüfen und beurteilen (TA 13)

und die auf die Früh- und Spätschicht konzentrierbare Werkzeugversorgung mit den Teilaufgaben Werkzeugwechsel vor- und nachbereiten sowie verschleiß- und bruchbedingter Werkzeugwechsel (TA 7, 9). Lediglich in der ersten Wochenschicht ergänzt die FFS-Wiederinbetriebnahme (TA 4) den Umfang der auszuführenden Teilaufgaben (Tab. 22).

Schichtlage \ Schichtart	Frühschicht	Spätschicht	Nachtschicht
1. Schicht[1]	Wiederinbetriebnahme TA 4 Spannbetrieb TA 2, 3, 10, 13, 14 Werkzeugversorgung TA 7, 9	---	---
2. - 14. Schicht	Spannbetrieb TA 2, 3, 10, 13, 14 Werkzeugversorgung TA 7, 9	⇒ analog	Spannbetrieb TA 3, 10, 13, 14 Werkzeugversorgung TA 9
15. Schicht	---	---	⇓ analog

[1] Annahme: Frühschicht ist Beginn einer dreischichtigen Fünftagearbeitswoche

Legende: (TA 1 - 17 im Anhang 10.1 erläutert)

Tab. 22: Schichtartdifferenzierter FFS-Einsatz (FFS-Einsatztyp II)

5.3.3 Auslegung des FFS-Verantwortungsbereiches

Die Auslegung des FFS-Verantwortungsbereiches für den FFS-Einsatztyp II ist dem des FFS-Einsatztyps I sehr ähnlich (Kap. 5.2.3). Grundlegende Unterschiede liegen weniger in der Konfiguration der Fertigungsmittel und -hilfsmittel als in deren Nutzung, d. h. in der ganzheitlichen systeminternen und -externen ablauforganisatorischen Verknüpfung. Im Gegensatz zum FFS-Einsatztyp I ist der höheren Mengenflexibilität und der größeren Werkstückvielfalt Rechnung zu tragen. Die Fertigungsmittel und -hilfsmittel, die peripheren Einrichtungen sowie die Maschinenbelegungsplanung sind deshalb in festgelegten Grenzen mengenflexibel ausgelegt.

Der größte Unterschied zum FFS-Verantwortungsbereich des FFS-Einsatztyps I resultiert aus dem bereichsinternen Einsatz eines Leitrechners und der dafür notwendigen Einrichtung eines abgeschlossenen Raumes. Zur Gewährleistung des erforderlichen Überblickes zur Erkennung von Eingriffserfordernissen und zur Reduzierung von Wegzeiten ist ein erhöhter, zentral im FFS-Verantwortungsbereich gelegener Leitstand einzurichten. Die flexible Erweiterung der Arbeitszone Systemführer S* 1 ist trotz der räumlichen Abgrenzung durch die, im Vergleich zu den FFS-Einsatztypen III bis V geringe zeitliche Bindung und geringere Ausführungsnotwendigkeiten der planerischen und steuernden Teilaufgaben (1 \ 2, 3), möglich.

Die weiterhin für den FFS-Verantwortungsbereich zu definierenden Arbeitszonen unterscheiden sich zum Teil von denen des FFS-Einsatztyps I. Analog zum FFS-Einsatztyp I sind zwei verschiedene, räumlich getrennte, sich partiell überschneidende Arbeitszonen für die Beschäftigtengruppe Vorarbeiter V* festzulegen. Den Überschneidungsbereich stellen hier jedoch die Werkzeugübergabestellen an den Bearbeitungsmaschinen der FFS dar.

Für den FFS-Einsatztyp II sind Sondermaschinen als Nebenmaschinen zur Komplettbearbeitung aus Gründen der Produkt- und Mengenflexibilität unzweckmäßig. Infolgedessen ist im FFS-Verantwortungsbereich nur eine Art von Arbeitszonen für Aufspanner A* 1 zu definieren. Analog zum FFS-Einsatztyp I ist der Einsatz von Springern mit eigenen erweiterten Arbeitszonen A* 1-S erforderlich.

Für die Hilfskräfte H* 1 sind Arbeitszonen zu bilden, wenn mehrere Nebenmaschinen und -einrichtungen z. B. Waschmaschinen, Entgrat-, Dichtheitsprüf- und Montageeinrichtungen in den FFS-Verantwortungsbereich integriert werden.

Zur Veranschaulichung der nachfolgenden Kapitel ist folgender Überblick über die Arbeitszonen heranzuziehen:

<u>Arbeitszone für Systemführer S* 1</u>

- im Bereich des räumlich abgeschlossenen Leitstandes, des Werkzeuglagers und der verketteten Bearbeitungsmaschinen
- Anzahl im FFS-Verantwortungsbereich = 1

<u>Arbeitszone für Vorarbeiter V* 1 (primär TA 7, 9)</u>

- im Bereich des Werkzeuglagers mit Werkzeugvoreinstellgerät und der dezentralen Werkzeugübergabestellen

- Anzahl im FFS-Verantwortungsbereich = 1

<u>Arbeitszone für Vorarbeiter V* 2 (primär TA 9, 14)</u>

- im Bereich der verketteten Bearbeitungsmaschinen (Werkzeugein/-ausgabe) und Nebenmaschinen

- Anzahl im FFS-Verantwortungsbereich = zirka 1 - 2

<u>Arbeitszone für Springer als Aufspanner A* 1-S</u>

- im Bereich sämtlicher Spann-, Entgrat- und Kontrollplätze am FFS

- Anzahl im FFS-Verantwortungsbereich = zirka 1 - 2

<u>Arbeitszone für Aufspanner A* 1 (TA 10, 11, 13)</u>

- im Bereich der Spann-, Entgrat- und Kontrollplätze am FFS

- Anzahl im FFS-Verantwortungsbereich = zirka 1 - 2

<u>Arbeitzone für Hilfskraft H* 1</u>

- im Bereich der Nebenmaschinen und -arbeitsplätze

- Anzahl im FFS-Verantwortungsbereich = zirka 1 -2

5.3.4. Arbeitsorganisation

Zur Darstellung der Arbeitsorganisation innerhalb des FFS-Verantwortungsbereiches und zum direkten Vergleich mit den anderen FFS-Einsatztypen dient das Bild 27. Dieses spiegelt die Bildung der vier verschiedenen Beschäftigtengruppen für einen ideal großen Verantwortungsbereich des FFS-Einsatztyps II wider. Die Grundlage dafür bildet die schichtartabhängige Aufteilung der Systemarbeitsaufgabe auf die MA des FFS-Verantwortungsbereiches und auf die MA externer Bereiche sowie deren Zusammenarbeit (vgl. Anhang 10.6, Tab. 52 bis 54).

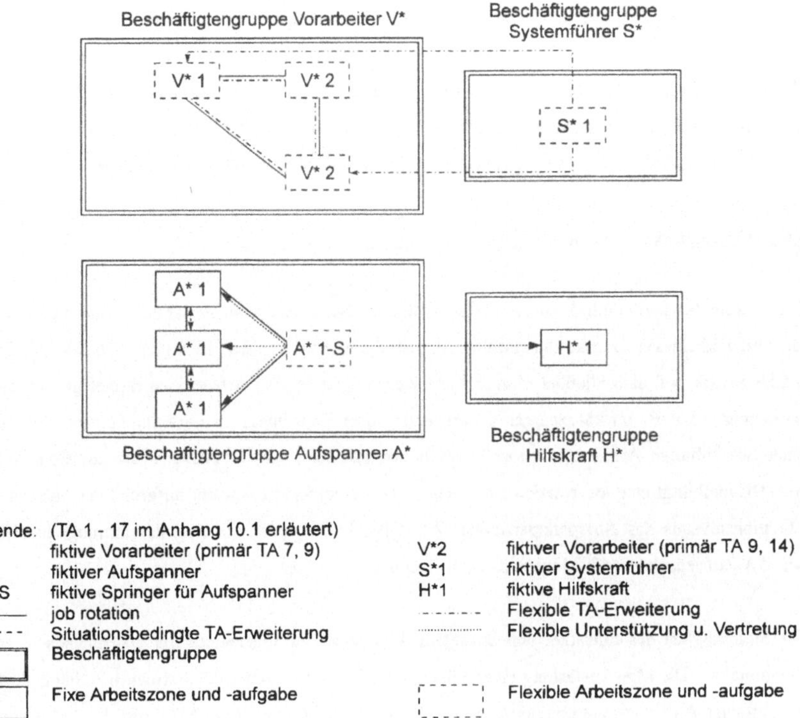

Bild 27: Arbeitsorganisation innerhalb des FFS-Verantwortungsbereiches (FFS-Einsatztyp II)

Beschäftigtengruppe Systemführer S*

Den Kern der Arbeitszone der Beschäftigtengruppe Systemführer S* bildet der Leitstand. Der zur Teilaufgabenausführung benötigte Zeitaufwand lastet das Leitstandspersonal nicht die gesamte Früh- und
Spätschicht aus. Neben den planmäßigen und vorhersehbaren Anforderungen gibt es jedoch auch sto-
chastische mit schlecht abschätzbarem Zeitaufwand, welche eine generelle Ausführungsbereitschaft
verlangen. Zur Homogenisierung der MA-Auslastung ist deshalb eine flexible Arbeitszone, verbunden
mit einer Anreicherung der Arbeitsaufgabe in Richtung der Teilaufgaben der Vorarbeiter V* 1 und
V* 2, zu verwirklichen.

Beschäftigtengruppe Vorarbeiter V*

Analog zum FFS-Einsatztyp I sind zwei verschiedene, sich überlappende, flexible Arbeitszonen und
TA-Kombinationen innerhalb der Beschäftigtengruppe V* zu definieren, zwischen denen die MA der

Gruppe V* 1 und V* 2 systematisch wechseln (job rotation). Die Arbeitsaufgabe der fiktiven Vorarbeiter V* 1 ist primär durch die Teilaufgaben TA 7 (Werkzeugwechsel vor- und nachbereiten) und TA 9 (Werkzeuge wechseln bei Verschleiß und Bruch) gekennzeichnet. In den Arbeitszonen V* 2 unmittelbar am FFS werden die Teilaufgaben FFS wieder in Betrieb nehmen (TA 4), Werkzeuge wechseln bei Verschleiß und Bruch (TA 9) und Eingreifen bei Qualitätsabweichungen (TA 14) realisiert.

Beschäftigtengruppe Aufspanner A* mit Springer A*-S

Die teilaufgabenseitig undifferenzierte Beschäftigtengruppe Aufspanner A* ist durch eine starke räumliche und zeitliche Bindung an die einzelnen Arbeitszonen A* 1 geprägt. Im engeren Umfeld der Spannplätze werden ggf. einschließlich Entgrat- und Kontrollplätzen fixe Arbeitzonen festgelegt. Nur situationsbedingt, so z. B. zur kurzzeitigen Unterstützung oder Vertretung, ist die Teilaufgabenausführung in einer benachbarten Arbeitszone möglich. Zwischen den einzelnen Arbeitszonen ist zur Erhöhung der MA-Disponibilität eine job rotation einzurichten. Diese Forderung gewinnt aufgrund des höheren Qualifikationsniveaus des Aufspannpersonales A* (CNC-Facharbeiter mit Arbeitserfahrung) hinsichtlich der MA-Zufriedenheit und -Motivation an Bedeutung.

Die Sinnfälligkeit des Einsatzes von Springern A*-S steigt im allgemeinen mit zunehmender Mengenflexibilität an. Die MA-Auslastung innerhalb der einzelnen Arbeitzonen A* 1 streut in Abhängigkeit von der aktuellen Auftragssituation. Bei Auslastungsspitzen oder kurzzeitigem MA-Ausfall können Springer A*-S kurzfristig eine Homogenisierung der MA-Auslastung herbeiführen und zur Vermeidung von Stillstandszeiten wegen fehlender Werkstücke beitragen. Zur Arbeitszone A* 1-S gehören folglich mehrere Arbeitszonen von Aufspannern A* 1 und Hilfskräften H* 1, die nach den Kriterien gute Überschaubarkeit, Zugänglichkeit und kurze Wege zusammenzufassen sind.

Beschäftigtengruppe Hilfskraft H*

Wenn die Aufspanner A* im FFS-Verantwortungsbereich durch die Teilaufgaben am Spannplatz zeitlich ausgelastet sind, dann sollten die Nebenmaschinen und -arbeitsplätze räumlich konzentriert werden. In diesen fixen Arbeitszonen sind Hilfskräfte H* für die Teilaufgabenausführung an den Nebenmaschinen (TA 12) verantwortlich. Ihre Arbeitsaufgaben lassen sich nur situationsbedingt erweitern, indem einfache Teilfunktionen des Spannprozesses (TA 10) an den Spannplätzen zur Unterstützung des Aufspannpersonales A* auszuführen sind.

Aufgrund des Qualifikationsunterschiedes zwischen den Beschäftigtengruppen Aufspanner A* und Hilfskraft H* ist eine job rotation untereinander nicht möglich. Im Bedarfsfall unterstützen oder vertreten Springer A*-S auch kurzfristig die Hilfskräfte.

5.3.5 Personaleinsatz

Den Personaleinsatz für den FFS-Einsatztyp II kennzeichnen vier verschiedene Beschäftigtengruppen (Tab. 23). Diese spiegeln den hohen teilaufgabenbezogenen Integrationsgrad zur Komplettbearbeitung und -behandlung, die eng damit im Zusammenhang stehende starke bereichsinterne Arbeitsteilung und qualifikationsseitige Inhomogenität wieder. Weiterhin lassen sich auch die realisierten arbeitsorganisatorischen Gestaltungsansätze, wie z. B. Überlappungen von Teilaufgaben im Rahmen der Haupt- und Nebenaufgaben, job rotation, job enlargement sowie job enrichment zur kurzfristigen Vertretung und Ersetzbarkeit ablesen.

Für die MA der Beschäftigtengruppe Vorarbeiter V* ist trotz ihrer nur anteiligen Ausübung der Teilaufgabe TA 17 (FFS-Personal planen und führen) eine grundlegende Sozialkompetenz für Führungsaufgaben zweckdienlich. Die Anforderungen an die Kenntnisse und Erfahrungen der Beschäftigtengruppe Aufspanner A* steigen gegenüber denen beim FFS-Einsatztyp I, d. h. CNC-Facharbeiter mit Arbeitserfahrung sind einzusetzen.

Beschäftigtengruppe		Teilaufgaben (TA) als Grundaufgabe	Teilaufgaben (TA) als Zusatzaufgabe	Kenntnisse und Erfahrungen (AFK 10)	Fertigkeiten (AFK 11)
S*	Systemführer (S* = S* 1)	2, 3, 4, 17	5, 6, 7, 8, 9, 14, [15]	AFS 3	hoch
V*	Vorarbeiter (V* = V* 1 + V* 2)	3, 4, 7, 9, 14, [15]	5, 8, 13, [17]	AFS 3	hoch
A*	Aufspanner (A* = A* 1-S + A*.1)	10, 11, 13, [14]	12, [15]	AFS 1	hoch
H*	Hilfskraft (H* = H* 1)	11, 12	10	AFS 0	mittel

Legende: (TA 1 - 17 im Anhang 10.1, AFK 10 u. 11 mit jeweiligen AFS im Anhang 10.4 erläutert)
[ ]   anteilige TA-Ausführung
AFS 0   Anforderungsstufe für AFK 10: Anlernniveau mit Arbeitserfahrung
AFS 1   Anforderungsstufe für AFK 10: CNC-Facharbeiterniveau mit Arbeitserfahrung
AFS 3   Anforderungsstufe für AFK 10: CNC-Facharbeiterniveau mit umfassender Arbeitserfahrung u. Sozialkompetenz für Führungsaufgaben

Tab. 23: Formale Anforderungen ans FFS-Personal (FFS-Einsatztyp II)

Mit den selten auszuführenden Teilaufgaben, welche sehr hohe oder spezielle Fachkenntnisse, Erfahrungen und Fertigkeiten verlangen (Stufe 4), werden Fachbereiche und ggf. -unternehmen beauftragt (Tab. 24). Ebenso ist der Einsatz eines Reinigungsservices zur grundlegenden Reinigung des FFS-Verantwortungsbereiches (TA 16) in einer Sonderschicht vorzusehen.

Fachbereiche u. -unternehmen		Bereichsintern ausgeführte Teilaufgaben (TA)	Bereichsextern ausgeführte Teilaufgaben (TA)	Kenntnisse und Erfahrungen (AFK 10)	Fertigkeiten (AFK 11)
AV	Arbeitsvorbereitung		1	AFS 4	keine
PR	NC-Programmierung	[5]	1	AFS 4	keine
WP	Werksplanung		1	AFS 4	keine
QW	Qualitätswesen		1	AFS 4	keine
VB/VBU	Vorrichtungsbau/-unternehmen	[6]	1, 6	AFS 4	sehr hoch
WL/WS	Werkzeuglager/-schleiferei		[7]	AFS 4	sehr hoch
MR	Meßraum		13	AFS 4	hoch
IH	Instandhaltung	15	[15]	AFS 4	sehr hoch
RSU	Reinigungsserviceunternehmen	16		AFS 0	gering

Legende: (TA 1 - 17 im Anhang 10.1, AFK 10 u. 11 mit jeweiligen AFS im Anhang 10.4 erläutert)
[ ] anteilige TA-Ausführung
AFS 0 Anforderungsstufe für AFK 10: Anlernniveau mit Arbeitserfahrung
AFS 4 Anforderungsstufe für AFK 10: Niveau entspricht Spezialisierung in anderem Fachgebiet

Tab. 24: Formale Anforderungen an externe Fachbereiche und -unternehmen (FFS-Einsatztyp II)

Die im Kapitel 5.3.2 erläuterte Form des schichtartdifferenzierten FFS-Einsatzes findet ihren Niederschlag in der schichtartdifferenzierten Arbeitsorganisation. Im Idealfall gelingt es bei einem großen FFS oder FFS-Verbund die Anwesenheit des Systemführers S* um die Nachtschicht zu reduzieren. In der Regel ist es kaum möglich die MA-Anzahl in der Nachtschicht durch die Konzentration aufwandsintensiver TA auf die sozialverträglicheren Früh-, Spät- oder Tagschichten weiter zu senken. Die Tabelle 25 gibt die rein erfahrungsbasiert hergeleiteten und dem Gesamtgestaltungsvorschlag entsprechenden Stärken der Beschäftigtengruppen für einen ideal großen FFS-Verantwortungsbereich wieder.

Beschäftigtengruppe	Schichtart	Tag-schicht	Früh-schicht	Spät-schicht	Nacht-schicht	Sonder-schicht
S*	Systemführer (S* = S* 1)	---	1	1	0	1[1]
V*	Vorarbeiter (V* = V* 1 + V* 2)	1	2 - 3	2 - 3	2 - 3	1[1]
A*	Aufspanner (A* = A* 1-S + A* 1)	--- ---	3 - 6	3 - 6	3 - 6	--- ---
H*	Hilfskraft (H* = H* 1)	---	1 - 2	1 - 2	1 - 2 R	---

Legende:
--- Schichtart ohne Bedeutung   R Reduzierung u. U. möglich
1[1] insgesamt 1 bis 2 Mitarbeiter

Tab. 25: Stärke der Beschäftigtengruppen im FFS-Verantwortungsbereich (FFS-Einsatztyp II)

Der vorgeschlagenen Arbeitsteilung zwischen dem FFS-Verantwortungsbereich und den anderen Fachbereichen sowie -unternehmen entsprechend, brauchen die vorbereitenden Fachbereiche (z. B. AV, PR und VBU) nur in der Tagschicht anwesend zu sein. Im Gegensatz dazu muß der Meßraum MR aufgrund seines den Bearbeitungsprozeß begleitenden Charakters dreischichtig die statistische Qualitätskontrolle unterstützen. Ebenso muß zur Reduzierung technisch bedingter Stillstandszeiten das Instandhaltungspersonal in der Früh- und Spätschicht anwesend und in der Nachtschicht mindestens abrufbereit sein. Der Einsatz des Reinigungsservices RSU sollte sich zur Vermeidung reinigungsbedingter Ausfallzeiten auf Sonderschichten beschränken.

5.4   Ermittlung der Gestaltungsvorschläge für FFS-Einsatztyp III

Ausgehend von den im Kapitel 5.1 beschriebenen Gestaltungsgrundlagen wird nachfolgend FFS-einsatztypspezifisch auf:

         ᘒ den Charakter der Systemarbeitsaufgabe (vgl. Kap. 5.4.1),

         ᘒ den schichtartdifferenzierten FFS-Einsatz (vg. Kap. 5.4.2),

         ᘒ die Auslegung des FFS-Verantwortungsbereiches (vgl. Kap. 5.4.3),

         ᘒ die Arbeitsorganisation (vgl. Kap. 5.4.4) und

         ᘒ den Personaleinsatz (vgl. Kap. 5.4.5)

eingegangen. Der FFS-Einsatztyp III dient wie die FFS-Einsatztypen I und II der Bearbeitung kleiner bis mittelgroßer Werkstücke (Merkmalsausprägung E.a). Analogien zu den FFS-Einsatztypen IV und V ergeben sich aus den zum Teil gleichen Merkmalsausprägungen, wie z. B. Bestellung mittels Einzelaufträgen und die adäquate losweise Fertigung (Merkmalsausprägungen A.b und B.b). Große Ähnlichkeiten zwischen den Gestaltungsvorschlägen der FFS-Einsatztypen III und IV liegen primär in den gleichen Fertigungsarten (C.b und C.c) und in der Mengenunabhängigkeit der Fertigungsaufträge untereinander (D.c) begründet.

Aufgrund der Tatsache, daß der FFS-Einsatztyp III als der klassische FFS-Einsatz in der Praxis bezeichnet werden muß und bisher die größte Verbreitung erfuhr, ist auch dessen Ausprägungsvielfalt besonders groß. Die nachfolgenden Gestaltungsvorschläge beziehen sich auf einen FFS-Verantwortungsbereich mit 5 bis 8 verketteten Bearbeitungsmaschinen.

5.4.1 Charakterisierung der Systemarbeitsaufgabe

Die FFS-einsatztypspezifische Systemarbeitsaufgabe ist ausgehend vom Anforderungsprofil in Tabelle 26 und den im Anhang 10.4 definierten Anforderungskriterien und -stufen wie folgt zu beschreiben:

Als erstes Charakteristikum sind die Häufigkeit und die Selbstverständlichkeit der Ausführung der TA 5 (Aufträge einfahren) parallel zum Bearbeitungsprozeß anderer Fertigungsaufträge hervorzuheben. Neu einzufahrende Fertigungsaufträge stehen typischerweise wöchentlich bis monatlich an (Anforderungskriterium AFK 5 = 2). Der einmalige Zeitaufwand zur Ausführung dieser Teilaufgabe ist aufgrund der geringen Optimierungsanforderungen und der kurzen NC-Programmlaufzeiten bei kleinen bis mittelgroßen Werkstücken vergleichsweise kurz (AFK 3 = 1).

Das zweite Charakteristikum grenzt den FFS-Einsatztyp III gleichfalls von den FFS-Einsatztypen I und II ab. Es sagt aus, daß einmal bis mehrmals täglich Auftragswechsel stattfinden. Daraus folgt eine dementsprechend hohe Ausführungshäufigkeit der damit verbundenen Teilaufgaben wie Fertigungsaufträge einplanen und steuern (TA 2, 3), auftragswechselbedingtes Vorrichtungsrüsten sowie Werkzeugwechseln (TA 6, 8). Die Vorbereitung der Auftragswechsel wie z. B. Vorrichtungen umrüsten oder ein-/ ausschleusen erfolgt selbstverständlich hauptzeitparallel.

Im unmittelbaren Zusammenhang mit den vorangegangenen Charakteristika stehen der für Einzelauftragsfertiger typische hohe Zeitaufwand zum Einplanen und Steuern der Fertigungsaufträge (TA 2, 3) (AFK 3 = 1) sowie die höhere Komplexität der TA (AFK 1 = 2 bzw. 3). Ohne Unterstützung durch einen Leitrechner ist eine effiziente Ausführung dieser Teilaufgaben für ein größeres FFS nicht möglich.

Das vierte Charakteristikum bezieht sich auf das Auf-, Um- und Abspannen der Werkstücke (TA 10). Vor allem durch die Möglichkeit zur systeminternen Pufferung aufgespannter Werkstücke sind an den Rüst-/Spannplätzen die zeitliche Bindung nur mittel (AFK 7 = 2) und die zeitliche Planbarkeit der TA-Ausführung gut (AFK 6 = 1). Zugleich lassen sich Kleinteile im Vergleich zu Großteilen gut handhaben und schnell spannen, weshalb der Zeitaufwand unter 15 Minuten liegt (AFK 3 = 0). Zusammengefaßt bedeutet dies, daß die Arbeitsaufgaben des Aufspannpersonals gut erweiter- und bereicherbar sind.

Teilaufgaben (Spaltenüberschriften):
- TA 1: Fertigungsaufträge vorbereiten
- TA 2: Fertigungsaufträge einplanen
- TA 3: Fertigungsaufträge steuern
- TA 4: FFS wieder in Betrieb nehmen
- TA 5: Aufträge einfahren
- TA 6: Umrüsten bei Auftragswechsel

Anforderungskriterium	TA 1 · 0	1	2	3	4	TA 2 · 0	1	2	3	4	TA 3 · 0	1	2	3	4	TA 4 · 0	1	2	3	4	TA 5 · 0	1	2	3	4	TA 6 · 0	1	2	3	4
1 Komplexität der TA					x			x						x					x					x					x	
2 Räumliche FFS-Bindung					x		x					x							x					x					x	
3 Einmaliger Zeitaufwand				x			x					x					x					x					x			
4 Wiederholungen pro Tag	x						x					x				x	o				x						x			
5 Wiederholungen pro Jahr			x							x				x					x	o			x							x
6 Zeitliche Planbarkeit			x			x									x	x		o					x					x		
7 Zeitliche Bindung	x					x							x						x			x					x			
8 Kooperationsumfang	x					x					x							x				x					x			
9 Kommunikat. m. Externen				x			x							x		x							x			x				
10 Kenntnisse u. Erfahrungen					x			x						x				x					x				x			
11 Fertigkeiten	x					x					x					x								x					x	

Legende: TA 4 x Anforderungsstufe
o abweichende Anforderungsstufe bei FFS-Leerlauf u. -Auslauf in Nachtschicht

Tab. 26/1: Anforderungsprofil der Systemarbeitsaufgabe (FFS-Einsatztyp III)

Teilaufgaben (Spaltenüberschriften):
- TA 7: WZ-Wechsel vor- und nachbereiten
- TA 8: WZ wechseln bei Auftragswechsel
- TA 9: WZ wechseln bei Verschleiß und Bruch
- TA 10: Werkstücke spannen oder palettieren
- TA 11: Werkstücke entgraten und reinigen

Anforderungskriterium	TA 7 · 0	1	2	3	4	TA 8 · 0	1	2	3	4	TA 9 · 0	1	2	3	4	TA 10 · 0	1	2	3	4	TA 11 · 0	1	2	3	4
1 Komplexität der TA			x					x					x				x					x			
2 Räumliche FFS-Bindung		x							x					x					x			x			
3 Einmaliger Zeitaufwand		x					x				x					x					x				
4 Wiederholungen pro Tag					x					x				x					x					x	
5 Wiederholungen pro Jahr		x					x							x	o					x					x
6 Zeitliche Planbarkeit	x							x			x		o				x						x		
7 Zeitliche Bindung	x					x					x							x			x				
8 Kooperationsumfang	x					x					x					x					x				
9 Kommunikat. m. Externen		x				x					x					x					x				
10 Kenntnisse u. Erfahrungen		x					x					x					x				x				
11 Fertigkeiten		x					x						x					x			x				

Legende: TA 9 x Anforderungsstufe bei abschätzbarem Verschleiß
o abweichende Anforderungsstufe bei unerwartetem Verschleiß u. Bruch

Tab. 26/2: Anforderungsprofil des FFS-Einsatztyps III

Anforderungskriterium \ Teilaufgabe	TA an Nebenmaschinen u. -plätzen TA 12					Werkstücke prüfen und beurteilen TA 13					Eingreifen bei Qualitätsabweichungen TA 14					Instandhalten und Warten TA 15					FFS umfassend reinigen TA 16				
Anforderungsstufe	0	1	2	3	4	0	1	2	3	4	0	1	2	3	4	0	1	2	3	4	0	1	2	3	4
1 Komplexität der TA				x				x					x						x		x				
2 Räumliche FFS-Bindung		x						x					x					x							x
3 Einmaliger Zeitaufwand		x					x					x						x						x	
4 Wiederholungen pro Tag			x					x					x				x					x			
5 Wiederholungen pro Jahr					x				x					x				x					x		
6 Zeitliche Planbarkeit			x					x						x					x				x		
7 Zeitliche Bindung	x							x						x			x					x			
8 Kooperationsumfang	x						x					x						x					x		
9 Kommunikat. m. Externen	x						x					x						x				x			
10 Kenntnisse u. Erfahrungen		x					x						x						x		x				
11 Fertigkeiten			x					x					x						x			x			

Legende: x   Anforderungsstufe

Tab. 26/3: Anforderungsprofil des FFS-Einsatztyps III

5.4.2 Schichtartdifferenzierter FFS-Einsatz

Der schichtartdifferenzierte FFS-Einsatz des FFS-Einsatztyps III unterscheidet sich grundsätzlich von denen der FFS-Einsatztypen I und II (Kap. 5.2.2. und 5.3.2). Der wesentlichste Unterschied liegt in der Normalität von Auftragswechsel und Einfahraufträgen aufgrund der losweisen Bestellung und Abarbeitung der Fertigungsaufträge sowie den zumeist deutlich geringeren Jahresstückzahlen.

Unabhängig von der konkreten, jährlichen Häufigkeit der Auftragswechsel und Einfahraufträge, ist ein einheitlicher, von der Schichtart abhängiger FFS-Einsatz vorzusehen (Tab. 27). Das FFS-Einsatzkonzept verliert nicht an Relevanz, wenn keine täglichen Einfahraufträge oder Auftragswechsel anstehen. Es gestattet jedoch bei Bedarf die damit verbundenen Teilaufgaben effizient auszuführen. Bei der Festlegung des FFS-Einsatzes ist weiterhin zu berücksichtigen, daß mit vertretbarem Investitionsaufwand die systeminterne Pufferung aufgespannter Werkstücke (z. B. Vorrichtungen, Palettenabstellplätze) und Werkzeuge möglich ist. Durch den personalarmen Automatik-Spannbetrieb oder den personalfreien Systemleerlauf oder -auslauf in der Nachtschicht und/oder Zusatzschicht kann somit eine Effizienzsteigerung erreicht werden.

In jeder Frühschicht von Montag bis Freitag hat der Spannbetrieb mit Werkzeugversorgung die kapazitive Systemausnutzung zu sichern. Gleichfalls in der Frühschicht, aber zeitlich versetzt, beginnt der Einfahr-/Rüstbetrieb. Charakteristisch dafür sind die Teilaufgaben Aufträge einfahren (TA 5), Vorrich-

tungen umrüsten bei Auftragswechsel (TA 6) und Werkzeuge wechseln bei Auftragswechsel (TA 8).
Die zeitliche Parallelität zur Tagschicht erleichtert die zum Teil komplizierte, kommunikations- und
kooperationsintensive Ausführung der Teilaufgaben durch die Anwesenheit von Fachbereichen wie z. B.
NC-Programmierung PR und Vorrichtungsbau VB.

Analog dazu werden auch in den Spätschichten aufwandsintensive, d. h. stark personalbindende TA
ausgeführt. Im Gegensatz dazu sollten diese nur noch in Ausnahmefällen die Unterstützung externer
Fachbereiche benötigen und primär der Vorbereitung der personalarmen oder -freien Nachtschicht dienen. Der als Bevorratungsbetrieb bezeichnete FFS-Einsatz umfaßt folglich die Ausführung folgender
Teilaufgaben:

- Umrüsten bei Auftragswechsel (TA 6) für unkritische Wiederholaufträge,

- Werkzeuge wechseln bei Auftragswechsel (TA 8),

- Werkzeuge wechseln bei Verschleiß und Bruch (TA 9),

- Werkstücke spannen (TA 10) für Spät-, Nacht- und eventuell Zusatzschicht,

- Werkstücke prüfen und beurteilen (TA 13) und

- Eingreifen bei Qualitätsabweichungen (TA 14).

Ob in der Nachtschicht ein Personaleinsatz erforderlich ist, hängt primär davon ab, ob ein ausreichender
Vorrat an unkritischen, aufgespannten Werkstücken in der Spätschicht schaffbar ist und ob die Prozeß-
stabilität durch entsprechende Überwachungseinrichtungen gewährleistet wird. Beim FFS-Einsatztyp III
werden jedoch nur kleine bis mittelgroße Werkstücke bearbeitet, deshalb sind Langläufer für die Nachtschicht gezielt einzuplanen.

Wenn das aktuelle und absehbare Werkstückspektrum keinen personalfreien Systemleerlauf bis zum
Beginn der Folgeschicht ermöglicht, dann ist zu prüfen, ob nicht der Automatik-Spannbetrieb in den
Wochenschichten kostengünstiger und nutzungsgradfreundlicher ist. Lediglich in der Zusatzschicht kann
bei einem dreischichtigen FFS-Einsatz auch der Systemauslauf, d. h. die Fertigbearbeitung der in der
Vorschicht begonnenen Werkstücke zweckmäßig sein.

Schichtart / Schichtlage	Frühschicht	Spätschicht	Nachtschicht
1. Schicht[1]	Wiederinbetriebnahme TA 4 Spannbetrieb TA 2, 3, 10, 13, 14 Werkzeugversorgung 7, 9 Einfahr-/Rüstbetrieb TA 5, 6, 7, 8	---	---
2. - 14. Schicht	Spannbetrieb TA 2, 3, 10, 13, 14 Werkzeugversorgung 7, 9 Einfahr-/Rüstbetrieb TA 5, 6, 7, 8	Bevorratungbetrieb TA 3, 6, 8, 9, 10, 13, 14	Spannbetrieb TA 10, 13 oder Systemleerlauf ohne FFS-Personal
15. Schicht	---	---	⇓ analog

[1] Annahme: Frühschicht ist Beginn einer dreischichtigen Fünftagearbeitswoche

Legende: (TA 1 - 17 im Anhang 10.1 erläutert)

Tab. 27: Schichtartdifferenzierter FFS-Einsatz (FFS-Einsatztyp III)

5.4.3 Auslegung des FFS-Verantwortungsbereiches

Üblicherweise ist jeweils nur ein FFS des FFS-Einsatztyps III in der mechanischen Fertigung installiert. FFS-Verbunde werden nur bei großen FFS aus Gründen der Übersichtlichkeit, der Optimierung des Hilfsmittelflusses oder der verschiedenen Größen der Bearbeitungsmaschinen und Systempaletten gebildet.

Die FFS setzen sich im Normalfall aus universell einsetzbaren Bearbeitungszentren zusammen, welche durch eine Waschmaschine ergänzt werden können. Die FFS-Struktur ist primär ersetzend, obwohl die Auslegung und der Einsatz häufig kombiniert (ersetzend und ergänzend) erfolgt. Zum systeminternen Werkstücktransport kommen vor allem schienengebundene Transportsysteme zum Einsatz. Die Werkstückpufferung geschieht im großen Ausmaß mittels linear angeordneter Palettenabstellplätze und in einigen Fällen auch mittels Hochregallager direkt im FFS.

Einen weiteren signifikanten Unterschied zu den FFS-Einsatztypen I und II bilden die kombiniert zum Vorrichtungsrüsten und Werkstückspannen ausgelegten Rüst-/Spannplätze. Bei deren Anordnung müssen verstärkt Fragen der systemnahen Zwischenlagerflächen für Roh-, Fertigteile usw. berücksichtigt werden, weil der zu fahrende Fertigungsauftragsmix und die Bereitstellung von Transportlosen die Optimierung der Bereitstellung erschweren. Unter Umständen bietet der werkstattinterne Werkstückfluß über ein Hochregallager mit manuellen Übergabestationen an das FFS eine gute Möglichkeit zur Problemlösung. Die Arbeitszone der Bediener B* 1 umfaßt jeweils eine Vielzahl von unterschiedlichen Arbeitsstellen, die sich in der Nähe des Rüst-/Spannplatzes befinden, so z. B. Plätze zum Zwischenentgraten und -kontrollieren.

Beim FFS-Einsatztyp III gewinnen zentrale Werkzeugspeicher und -versorgungssysteme vor allem dann an Bedeutung, wenn die pro Fertigungsauftrag benötigten Werkzeugsätze sehr groß sind, diese sich kaum überdecken und sehr häufig Auftragswechsel zu bewerkstellen sind. Die Einrichtung eines eigenen Werkzeuglagers im FFS-Verantwortungsbereich mit Werkzeugvoreinstellgerät usw. ist aus arbeitsorganisatorischer Sicht empfehlenswert. Für das Einstellpersonal der Werkzeuge E* 1 kann dann eine größere Arbeitszone definiert werden. Zugleich hat qualifiziertes FFS-Personal in Schichten der Nichtbesetzung des Werkzeuglagers bei Bedarf kurzfristig und ohne lange Wege eine direkte Zugriffsmöglichkeit. Die weitreichende Universalität und Vielfalt der benötigten Werkzeuge schwächt jedoch aus werkzeugwirtschaftlicher Sicht das Argument des ausschließlichen Werkzeugeinsatzes im FFS-Verantwortungsbereich ab. Ein weiteres Argument dafür ist die stärkere situationsbezogene Abschätzbarkeit des wiederholten Werkzeugeinsatzbedarfes, so daß die Demontage- und Wiedermontagehäufigkeit und damit der Aufwand zur Ausführung der TA 7 (Werkzeugwechsel vor- und nachbereiten) sinkt.

Besonders vorteilhaft ist aus Gründen der Arbeitsteilung und -organisation (z. B. Werkzeugverwaltung, -bedarfslistenerstellung) die räumliche Nähe des Werkzeuglagers zum FFS-Leitstand (Überlappung der Arbeitszonen S* und E*). Dieser sollte aus Gründen der Zugänglichkeit und des Überblicks zentral gelegen und erhöht sein. Dennoch müssen bewußt eingesetzte optische und akustische Signalgeber am FFS sowie direkte verbale Kommunikationsmöglichkeiten, wie z. B. Sprechanlagen die Nachteile der räumlichen Trennung der Systemführer S* vom anderen FFS-Personal ausgleichen.

Unter Umständen kann auch die Integration einer Koordinatenmeßmaschine einschließlich Meßraum sinnvoll sein. Die auf dem FFS zu bearbeitenden Fertigungsaufträge sollten jedoch die kapazitive Grundauslastung der Meßmaschine und -einrichtungen bilden. Bei Bedarf bietet die Übernahme von Meßaufträgen von anderen Verantwortungsbereichen gute Voraussetzungen zur kapazitiven Auslastung. In diesen Fällen stellt der Meßraum die fixe Arbeitszone des Kontrolleurs K* 1 dar.

Für den FFS-Einsatztyp III ist die Integration von Nebenmaschinen eher unüblich, weil die Inhomogenität der Fertigung deren arbeitsorganisatorische Einbindung und die Belegungsplanung erschwert. Nur selten lassen sich Nebenarbeitsplätze direkt den Arbeitszonen und den Arbeitsaufgaben der Bediener B* 1 zuordnen (z. B. Zwischenmontage).

In Zusammenfassung der bisherigen Ausführungen sind für den FFS-Einsatztyp III folgende charakteristische Arbeitszonen im FFS-Verantwortungsbereich zu definieren:

Arbeitszone für Systemführer S* 1

- im Bereich des räumlich abgeschlossenen Leitstandes und Werkzeuglagers
- Anzahl im FFS-Verantwortungsbereich = 1

Arbeitszone für Vorarbeiter V* 1

- im Bereich der verketteten Bearbeitungsmaschinen
- Anzahl im FFS-Verantwortungsbereich = zirka 1 -2

Arbeitszone für Bediener B* 1

- im Bereich der Rüst-/Spann-, Entgrat- und Kontrollplätze am FFS
- Anzahl im FFS-Verantwortungsbereich = zirka 2 - 5

Arbeitszone für Einsteller für Werkzeuge E* 1

- im Bereich des Werkzeuglagers mit Werkzeugvoreinstellgerät und falls vorhanden der zentralen Werkzeugein- und -ausschleusstation
- Anzahl im FFS-Verantwortungsbereich = 1

Arbeitszone für Kontrolleur K* 1

- im Bereich des Meßraumes
- Anzahl im FFS-Verantwortungsbereich = 1

Hinsichtlich der Fertigungshilfsmittel wie Vorrichtungen, Werkzeuge, Meß- und Prüfmittel wird aufgrund der größeren Anzahl unterschiedlicher Fertigungsaufträge und der Auftragswechselhäufigkeit eine hohe Einsatz- und Umrüstflexibilität verlangt. Ein weiterer Gegensatz zu den FFS-Einsatztypen I und II besteht darin, daß die Fertigungshilfsmittel einschließlich der NC-Programme nur befristet, d. h. entsprechend der Auftragsdurchlaufzeit und eventuell bei kurzfristigem Wiedereinsatz während der Übergangszeit, im FFS verfügbar sind.

5.4.4 Arbeitsorganisation

Zur Veranschaulichung der bereichsinternen Formen der Arbeitsteilung und -organisation dient das Bild 28. Die Beschäftigtengruppe Kontrolleur K* spielt nur dann eine Rolle, wenn sich die entsprechende Arbeitszone K* 1, d. h. der Meßraum mit Koordinatenmeßtechnik im FFS-Verantwortungsbereich befindet. Die ausführliche Darstellung der zur Erfüllung der Systemarbeitsaufgabe insgesamt erforderlichen, bereichsinternen und -externen Arbeitsteiligkeit und Zusammenarbeit befindet sich im Anhang 10.7 (Tab. 55 bis 57).

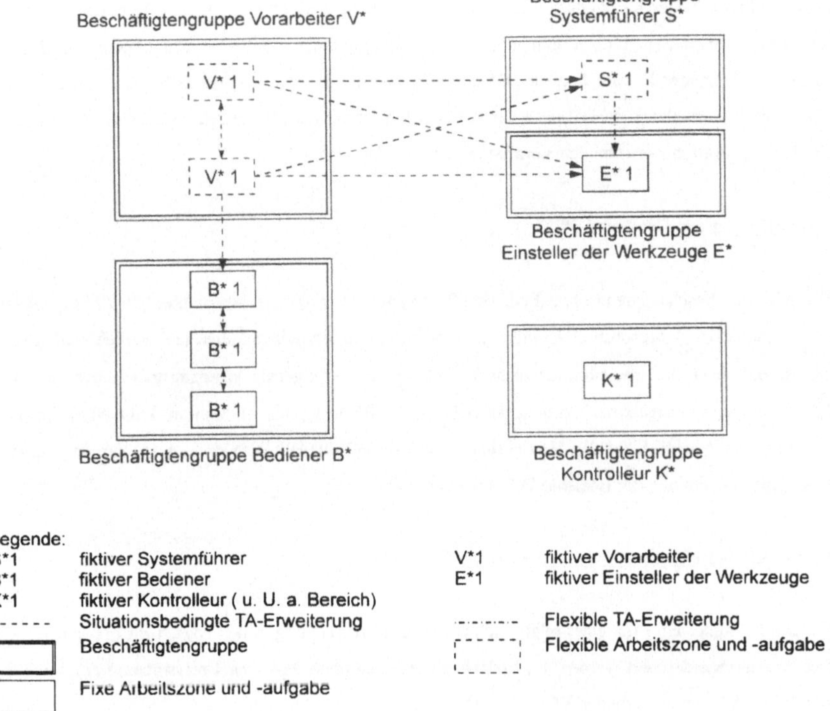

Bild 28: Arbeitsorganisation innerhalb des FFS-Verantwortungsbereiches (FFS-Einsatztyp III)

Beschäftigtengruppe Systemführer S*

Die Arbeitszone der Beschäftigtengruppe Systemführer S* ist so ausgelegt, daß eine flexible Erweiterung vor allem in Richtung der Arbeitsaufgaben der Beschäftigtengruppe Einsteller E* möglich ist. Bei zeitlichen Freiräumen der Systemführer S* können diese nach Rücksprache die Einsteller E* bei der Ausführung der TA 7 (Werkzeugwechsel vor- und nachbereiten) unterstützen oder Teilfunktionen ganz übernehmen. Im Bedarfsfall müssen die MA der Beschäftigtengruppe Vorarbeiter V* die Vertretung der Systemführer S* gewährleisten. Im Sinne des Anlernens und zur Übung sollten sie einzeln und je nach Auslastungssituation im Leitstand in die Teilaufgabenausführung integriert werden.

<u>Beschäftigtengruppe Vorarbeiter V*</u>

Bei einer großen Anzahl von Bearbeitungsmaschinen im FFS oder FFS-Verbund müssen mehrere Arbeitszonen für Vorarbeiter V* 1 definiert werden. Zur Homogenisierung der MA-Auslastung, wie z. B. beim Einfahren neuer Fertigungsaufträge, werden die Arbeitszonen flexibel ausgelegt. Das Qualifikationsniveau der MA ist so hoch, daß sie situationsabhängig auch anteilig die Teilaufgaben der Systemführer S*, Einsteller E* und Bediener B* übernehmen können. Im allgemeinen bestehen zwischen den einzelnen Teilaufgabenkombinationen der Arbeitszonen keine derartig großen Anforderungsunterschiede, daß job rotation zwischen den Vorarbeiter V* erforderlich wäre.

<u>Beschäftigtengruppe Bediener B*</u>

Die MA der Beschäftigtengruppe Bediener B* werden schichtweise bestimmten Rüst-/Spannplätzen (Arbeitszone B* 1) zugeordnet. An diese sind sie im Normalbetrieb räumlich und zeitlich stark gebunden, so daß ihnen nur eine situationsbedingte Erweiterung der eigenen Arbeitsaufgabe durch eine Ausführung in einer benachbarten, identischen Arbeitszone B* 1 möglich ist. Weil im Falle eines Spannbetriebes in der Nachtschicht das Vorrichtungsumrüsten entfällt, läßt sich die Anzahl der angelaufenen Rüst-/Spannplätze und der Bediener B* reduzieren.

<u>Beschäftigtengruppe Einsteller für Werkzeuge E*</u>

Für den Einsteller E* 1 mit einer relativ hohen zeitlichen Auslastung in der Tagschicht braucht nur eine fixe Arbeitszone definiert werden. Im Bedarfsfall erfahren diese MA eine Unterstützung durch die Systemführer S* oder Vorarbeiter V*.

<u>Beschäftigtengruppe Kontrolleur K*</u>

Aufgrund der speziellen Fachkenntnisse der Beschäftigtengruppe K* kann den MA kaum eine angemessene zusätzliche Teilaufgabe außerhalb des Meßraumes übertragen werden, ohne den Bedienern die Selbstkontrolle zu entziehen. Die Arbeitszone K* 1 ist deshalb fix ausgelegt. Bei Ausfall des Kontrolleurs können nur zentrale Bereiche eine adäquate Vertretung stellen.

5.4.5 Personaleinsatz

Wesentliche Merkmale für die Beschreibung eines idealen Personaleinsatzes für den FFS-Einsatztyp III sind die formalen Arbeitsaufgaben und die daraus abgeleiteten Qualifikationsanforderungen. Die Tabelle 28 gibt das Ergebnis in Form von Hauptaufgaben, welche das Wesen der Arbeitsaufgabe ausmachen, und Nebenaufgaben wieder. Für die Bestimmung der dafür insgesamt erforderlichen Kenntnisse, Erfahrungen und Fertigkeiten werden die teilaufgabenspezifischen Anforderungsprofile herangezogen (vgl. Kap. 5.4.1, Tab. 26). Aus Effizienzgründen wird ein arbeitsaufgaben- und damit qualifikationsseitig inhomogener Personaleinsatz vorgeschlagen (Tab. 28). Die gleichfalls ersichtliche, teilaufgabenbezogene Überlappung der Arbeitsaufgaben einzelner Beschäftigtengruppen weist auf die angestrebte, die Beschäftigungsgruppen übergreifende Flexibilität des Personaleinsatzes hin.

Beschäftigtengruppe		Teilaufgaben (TA) als Grundaufgaben	Teilaufgaben (TA) als Zusatzaufgaben	Kenntnisse und Erfahrungen (AFK 10)	Fertigkeiten (AFK 11)
S*	Systemführer (S* = S* 1)	2, 3, 4, 17	7, [15]	AFS 3	gering
V*	Vorarbeiter (V* = V* 1)	4, 5, 8, 9, 14, [15]	3, 6, [7], 10, 13, [17]	AFS 2	hoch
B*	Bediener (B* = B* 1)	6, 10, 13	11	AFS 1	hoch
E*	Einsteller der Werkzeuge (E* = E* 1)	7, 8, 9	8, 9 falls nicht Grundaufgabe	AFS 2	hoch
K*	Kontrolleur (u. U. a. Bereich) (K* = K* 1)	13		AFS 4	sehr hoch

Legende: (TA 1 - 17 im Anhang 10.1, AFK 10 u. 11 mit jeweiligen AFS im Anhang 10.4 erläutert)
[ ]   anteilige TA-Ausführung
AFS 1   Anforderungsstufe für AFK 10: CNC-Facharbeiterniveau mit Arbeitserfahrung
AFS 2   Anforderungsstufe für AFK 10: CNC-Facharbeiterniveau mit umfassender Arbeitserfahrung
AFS 3   Anforderungsstufe für AFK 10: wie 2 mit Sozialkompetenz für Führungsaufgaben
AFS 4   Anforderungsstufe für AFK 10: Niveau entspricht Spezialisierung in anderem Fachgebiet (dto. Meßraum mit Dreikoordinatenmeßmaschine)

Tab. 28: Formale Anforderungen ans FFS-Personal (FFS-Einsatztyp III)

Das Ergebnis der Arbeitsteilung und -organisation zwischen dem FFS-Verantwortungsbereich und den anderen Fachbereichen und -unternehmen sowie der Entscheidungen über den Ausführungsort der einzelnen Teilaufgaben gibt die Tabelle 29 in komprimierter Form wieder.

Fachbereiche u. -unternehmen		Bereichsintern ausgeführte Teilaufgaben (TA)	Bereichsextern aufgeführte Teilaufgaben (TA)	Kenntnisse und Erfahrungen (AFK 10)	Fertigkeiten (AFK 11)
AV	Arbeitsvorbereitung		1	AFS 4	keine
PR	NC-Programmierung	[5]	1	AFS 4	keine
QW	Qualitätswesen		1	AFS 4	keine
VB	Vorrichtungsbau		1, 6	AFS 4	hoch
WL/WS	Werkzeuglager/-schleiferei		[7]	AFS 4	sehr hoch
KB	Komplettbearbeitung		12	AFS 1	hoch
EG	Entgraterei/Wäscherei		11	AFS 0	mittel
MR	Meßraum		13^1	AFS 4	sehr hoch
IH	Instandhaltung	15	[15]	AFS 4	sehr hoch
RSU	Reinigungsserviceunternehmen	16		AFS 0	gering

Legende: (TA 1 - 17 im Anhang 10.1, AFK 10 u. 11 mit jeweiligen AFS im Anhang 10.4 erläutert)
[ ]   anteilige TA-Ausführung
[1]   nur falls Meßraum nicht im FFS-Verantwortungsbereich integriert
AFS 0   Anforderungsstufe für AFK 10: Anlernniveau mit Arbeitserfahrung
AFS 1   Anforderungsstufe für AFK 10: CNC-Facharbeiterniveau mit Arbeitserfahrung
AFS 4   Anforderungsstufe für AFK 10: Niveau entspricht Spezialisierung in anderem Fachgebiet

Tab. 29: Formale Anforderungen an externe Fachbereiche und -unternehmen (FFS-Einsatztyp III)

Für die FFS-Verantwortungsbereiche des FFS-Einsatztyps III ist die Personalstärke aufgrund der vielfältigen Variationen nur vage abschätzbar. Die erfahrungsbasiert und logisch hergeleiteten Stärken der Beschäftigtengruppen für den bisher betrachteten FFS-Einsatz besitzen deshalb Orientierungscharakter. Die Tabelle 30 zeigt, daß für den FFS-Einsatztyp III in Abhängigkeit von der Beschäftigungsgruppe eine schichtartdifferenzierte Personalreduzierung möglich ist. Ob in der Nachtschicht überhaupt noch die Anwesenheit von Vorarbeitern V*, Bedienern B* und die Besetzung des Meßraumes erforderlich ist, hängt von den konkreten Realisierungsbedingungen des Systemleerlaufs ab. Eine normale Auftragslage vorausgesetzt, ist es bei eingeschränkten Möglichkeiten effizienter, das FFS mit wenigen Bedienern B* und, wenn notwendig, auch mit Vorarbeitern V* zu betreiben.

Auch die Personalkosten außerhalb des FFS-Verantwortungsbereiches sind so gering als möglich zu halten. Mit Ausnahme des ggf. externen Meßraumes MR, der Instandhaltungsabteilung IH und des Reinigungsservice RSU sollten deshalb die anderen Fachbereiche nur in der Tagschicht ihren Anteil an der Systemarbeitsaufgabe wahrnehmen.

Beschäftigtengruppe Schichtart	Tag-schicht	Früh-schicht	Spät-schicht	Nacht-schicht	Sonder-schicht
S* Systemführer (S* = S* 1)	---	1	1	0	1^1
V* Vorarbeiter (V* = V* 1)	---	1 - 2	1 - 2	1 - 2 R	1^1
B* Bediener (B* = B* 1)	---	2 - 5	2 - 5	2 - 5 R	---
E* Einsteller der Werkzeuge (E* = E* 1)	1	---	---	---	---
K* Kontrolleur (u. U. anderer Bereich) (K* = K* 1)	---	1	1	1 R	---

Legende:

---   Schichtart ohne Bedeutung   R   Reduzierung u. U. möglich
1^1 insgesamt 1 bis 2 Mitarbeiter

Tab. 30: Stärke der Beschäftigtengruppen im FFS-Verantwortungsbereich (FFS-Einsatztyp III)

5.5   Ermittlung und Erläuterung der Gestaltungsvorschläge für FFS-Einsatztyp IV

Ausgehend von den im Kapitel 5.1 beschriebenen Gestaltungsgrundlagen wird nachfolgend FFS-einsatztypspezifisch auf:

      ✤ den Charakter der Systemarbeitsaufgabe (vgl. Kap. 5.5.1),

      ✤ den schichtartdifferenzierten FFS-Einsatz (vg. Kap. 5.5.2),

      ✤ die Auslegung des FFS-Verantwortungsbereiches (vgl. Kap. 5.5.3),

      ✤ die Arbeitsorganisation (vgl. Kap. 5.5.4) und

      ✤ den Personaleinsatz (vgl. Kap. 5.5.5)

eingegangen.

5.5.1   Charakterisierung der Systemarbeitsaufgabe

Der FFS-Einsatztyp IV wird vor allem durch die Merkmalsausprägung Großteile E.b geprägt. Die Systemarbeitsaufgabe des FFS-Einsatztyps IV stimmt inhaltlich mit denen der FFS-Einsatztypen III und V überein. Im Vergleich zum FFS-Einsatztyp III steigen jedoch die Anforderungen durch die Bearbeitung von Großteilen und durch die ausgeprägtere Einzel-/Kleinserienfertigung. Die Zusammenfassung der FFS-einsatztypspezifischen Anforderungsprofile für ein FFS mit einer nicht restriktiven Größe von drei oder vier Bearbeitungsmaschinen gestattet die nachfolgende Charakterisierung der Systemarbeitsaufgabe (Tab. 31).

Als das erste Charakteristikum der Systemarbeitsaufgabe des FFS-Einsatztyps IV ist die Teilaufgabe TA 5 (Aufträge einfahren) zu nennen. Analog zum FFS-Einsatztyp III ist das Einfahren neuer Aufträge wenn auch nicht täglich, so doch sehr häufig vorzunehmen (Anforderungskriterium AFK 5 = 2). Der zum Einfahren eines Großteils benötigte Zeitaufwand ist allerdings wesentlich höher und kann im Extremfall die Dauer einer Schicht überschreiten (AFK 3 = 2). Dies bedeutet, daß über einen längeren Zeitraum FFS-Personal durch das Einfahren an eine Bearbeitungsmaschine gebunden ist. Zugleich sind in diesem Zeitraum die sonst für die Bearbeitungsmaschine auszuführenden Teilaufgaben nicht oder nur sehr eingeschränkt relevant, so z. B.:

- Werkzeugwechsel vor- und nachbereiten (TA 7),

- Werkzeuge wechseln bei Verschleiß und Bruch (TA 9),

- Werkstücke spannen (TA 10),

- Werkstücke prüfen und beurteilen (TA 13).

Zum zweiten charakterisieren die mit dem meist täglichen Auftragswechsel im Zusammenhang stehenden Teilaufgaben wie Einplanen und Steuern der Fertigungsaufträge (TA 2, 3), auftragswechselbedingtes Vorrichtungsrüsten und Werkzeugwechsel (TA 6, 8) die Systemarbeitsaufgabe. Insbesondere der vergleichsweise große Zeitaufwand am Rüst-/Spannplatz des FFS zur Ausführung der TA 6 (AFK 3 = 2) ist hervorzuheben. Die Freiheitsgrade für das zeitliche Disponieren der Teilaufgabenausführung sind deshalb und wegen der geringen Anzahl von Systempaletten z. T. eingeschränkt (AFK 7 = 2).

Das dritte Charakteristikum steht im unmittelbaren Zusammenhang mit dem vorherigen, denn aus diesem resultieren die hohen Anforderungen an das Einplanen und Steuern der Fertigungsaufträge (TA 2 und 3). Vor allem durch den hohen Bearbeitungsaufwand pro Werkstück ist der Steuerungsprozeß bei kurzfristigen Änderungen der Zustands- und Fertigungsauftragsdaten (z. B. Eilaufträge) sehr komplex und zeitaufwendig (AFK 3 = 1). Zur Gewährleistung einer hohen Reaktionsbereitschaft, die u. a. Rücksprachen mit den unmittelbar am FFS tätigen MA erforderlich macht, ist ein Leitrechner in unmittelbarer Nähe des FFS zu installieren.

Zum vierten Charakteristikum gehören die eingeschränkte und erschwerte, manuelle Handhabbarkeit der Großteile und spezielle Aufspanntechnologien. Die Ausführung der Teilaufgabe Werkstücke spannen (TA 10) stellt deshalb hohe Anforderungen an die Kenntnisse, Erfahrungen und Fertigkeiten der MA (AFK 10 = 1 und AFK 11 = 4). Der zur einmaligen Ausführung benötigte Zeitaufwand ist relativ hoch (AFK 3 = 1). Infolge der langen Palettenlaufzeiten ist die zeitliche Planbarkeit der TA-Ausführung gut (AFK 6 = 1) und die zeitliche Bindung nur mittel (AFK 7 = 2).

Als fünftes Charakteristikum zeigt sich insbesondere im Vergleich mit dem FFS-Einsatztyp III, daß sowohl die lange Ausführungsdauer einzelner Teilaufgaben als auch die langen Palettenlaufzeiten eine geringere Wechselhäufigkeit der Systemarbeitsaufgabe zur Folge haben. Das FFS-Personal muß daher sehr einsatzflexibel sein, um extreme Auslastungsschwankungen der MA auszugleichen und Nutzungsgradverluste vermeiden zu können.

Anforderungskriterium / Anforderungsstufe	Fertigungsaufträge vorbereiten — TA 1					Fertigungsaufträge einplanen — TA 2					Fertigungsaufträge steuern — TA 3					FFS wieder in Betrieb nehmen — TA 4					Aufträge einfahren — TA 5					Umrüsten bei Auftragswechsel — TA 6				
	0	1	2	3	4	0	1	2	3	4	0	1	2	3	4	0	1	2	3	4	0	1	2	3	4	0	1	2	3	4
1 Komplexität der TA				x			x							x					x					x					x	
2 Räumliche FFS-Bindung				x			x					x							x					x						x
3 Einmaliger Zeitaufwand			x				x					x						x						x					x	
4 Wiederholungen pro Tag	x						x					x				x	o				x					x				
5 Wiederholungen pro Jahr		x							x			x							x	o		x								x
6 Zeitliche Planbarkeit		x					x								x	x	o					x							x	
7 Zeitliche Bindung	x						x						x						x		x								x	
8 Kooperationsumfang	x						x				x							x				x							x	
9 Kommunikat. m. Externen		x					x						x			x						x								x
10 Kenntnisse u. Erfahrungen			x					x					x					x				x							x	
11 Fertigkeiten	x					x					x					x								x						x

Legende: TA 4   x   Anforderungsstufe
                        o   abweichende Anforderungsstufe bei FFS-Leerlauf und -Auslauf in Nachtschicht

Tab. 31/1: Anforderungsprofil der Systemarbeitsaufgabe (FFS-Einsatztyp IV)

Teilaufgabe	WZ-Wechsel vor- und nachbereiten (TA 7)					WZ wechseln bei Auftragswechsel (TA 8)					WZ wechseln bei Verschleiß und Bruch (TA 9)					Werkstücke spannen oder palettieren (TA 10)					Werkstücke entgraten und reinigen (TA 11)				
Anforderungsstufe / Anforderungskriterium	0	1	2	3	4	0	1	2	3	4	0	1	2	3	4	0	1	2	3	4	0	1	2	3	4
1 Komplexität der TA				x			x						x					x					x		
2 Räumliche FFS-Bindung		x						x						x					x					x	
3 Einmaliger Zeitaufwand		x					x				x						x					x			
4 Wiederholungen pro Tag		x					x						x					x					x		
5 Wiederholungen pro Jahr					x				x						x				x						x
6 Zeitliche Planbarkeit		x					x							x	o	x								x	
7 Zeitliche Bindung	x							x						o				x			x				
8 Kooperationsumfang	x						x					x						x				x			
9 Kommunikat. m. Externen			x			x					x						x					x			
10 Kenntnisse u. Erfahrungen			x				x						x				x					x			
11 Fertigkeiten					x		x						x							x			x		

Legende: TA 9   x   Anforderungsstufe bei abschätzbarem Verschleiß
               o   abweichende Anforderungsstufe bei unerwartetem Verschleiß u. Bruch

Tab. 31/2: Anforderungsprofil der Systemarbeitsaufgabe (FFS-Einsatztyp IV)

Teilaufgabe	TA an Nebenmaschinen u. -plätzen (TA 12)					Werkstücke prüfen und beurteilen (TA 13)					Eingreifen bei Qualitätsabweichungen (TA 14)					Instandhalten und Warten (TA 15)					FFS umfassend reinigen (TA 16)				
Anforderungsstufe / Anforderungskriterium	0	1	2	3	4	0	1	2	3	4	0	1	2	3	4	0	1	2	3	4	0	1	2	3	4
1 Komplexität der TA		x					x						x						x			x			
2 Räumliche FFS-Bindung		x							x				x					x							x
3 Einmaliger Zeitaufwand	x						x				x							x					x		
4 Wiederholungen pro Tag		x						x					x			x							x		
5 Wiederholungen pro Jahr			x						x					x			x							x	
6 Zeitliche Planbarkeit		x						x						x		x					x				
7 Zeitliche Bindung	x								x				x					x				x			
8 Kooperationsumfang		x						x					x					x						x	
9 Kommunikat. m. Externen	x					x							x					x				x			
10 Kenntnisse u. Erfahrungen		x					x						x						x		x				
11 Fertigkeiten			x					x					x						x			x			

Legende: x   Anforderungsstufe

Tab. 31/3: Anforderungsprofil der Systemarbeitsaufgabe (FFS-Einsatztyp IV)

5.5.2 Schichtartdifferenzierter FFS-Einsatz

Der schichtartdifferenzierte FFS-Einsatz des FFS-Einsatztyps IV ist dem des FFS-Einsatztyps III im wesentlichen gleich. Wie die Tabelle 32 zeigt, sind schichtartabhängig drei verschiedene FFS-Einsatzformen umzusetzen. Die Personalstärken innerhalb der verschiedenen Beschäftigtengruppen und die Einsatz- und Bereitschaftszeiten von externen Fachbereichen lassen sich dadurch reduzieren.

Schichtlage \ Schichtart	Frühschicht	Spätschicht	Nachtschicht
1. Schicht[1]	Wiederinbetriebnahme TA 4 Spannbetrieb TA 2, 3, 10, 13, 14 Werkzeugversorgung TA 7, 9 Einfahr-/Rüstbetrieb TA 5, 6, 7, 8	---	---
2. - 14. Schicht	Spannbetrieb TA 2, 3, 10, 13, 14 Werkzeugversorgung TA 7, 9 Einfahr-/Rüstbetrieb TA 5, 6, 7, 8	Bevorratungbetrieb TA 3, 6, 8, 9, 10, 13, 14	Spannbetrieb TA 10, 13, 14 oder Systemleerlauf ohne FFS-Personal
15. Schicht	---	---	⇓ analog

[1] Annahme: Frühschicht ist Beginn einer dreischichtigen Fünftagearbeitswoche

Legende: (TA 1 - 17 im Anhang 10.1 erläutert)

Tab. 32: Schichtartdifferenzierter FFS-Einsatz (FFS-Einsatztyp IV)

In allen Frühschichten unter der Arbeitswoche ist das FFS werkstück- und werkzeugseitig so weit zu versorgen, daß bei Bedarf hauptzeitparallel die Fertigungshilfsmittel für Neu- und Wiederholaufträge bereitgestellt werden können. Vorzugsweise sind in dieser Schicht auch neue Aufträge einzufahren, weil das eventuell zur Unterstützung benötigte Personal anderer Fachbereiche primär in der Tagschicht zur Verfügung steht. Im Interesse der MA-Reduzierung sollten gleichfalls in der Frühschicht die Teilaufgaben TA 2 und 3, d. h. das Einplanen und soweit möglich das Steuern von Fertigungsaufträgen, ausgeführt werden.

Im Bevorratungsbetrieb gilt es vor allem, die gezielt eingeplanten, manuelle Eingriffe erfordernden und risikobehafteten Fertigungsaufträge abzuarbeiten. Weiterhin sind die für die Nachtschicht geeigneten und eingeplanten Fertigungsaufträge vorzubereiten und die benötigten Werkstücke aufzuspannen. Im Gegensatz zum FFS-Einsatztyp III ist die Kapazität an Langläufern wesentlich höher, aber die Eignung zum bedienarmen oder -freien Einsatz nimmt werkstückwertbedingt ab. Deshalb muß anhand des konkreten Werkstückspektrums der FFS-Einsatzfälle über eine Eignung zum Systemleerlauf in der Nachtschicht entschieden werden. Generell ist zu prüfen, ob sich die Personalkosteneinsparungen hinsichtlich der erfahrungsgemäß wesentlich höheren Kosten für erforderliche Überwachungseinrichtungen, Puffer-plätze für Werkstücke und Werkzeuge, Nutzungsgradverluste bei Nichtdurchlauf bis zur Frühschicht, Ausschuß, Nacharbeitungsaufwand etc. tatsächlich lohnen.

5.5.3 Auslegung des FFS-Verantwortungsbereiches

Beim FFS-Einsatztyp IV prägt der Großteilcharakter nachhaltig die Abmessungen und die Auslegung der Fertigungsmittel und -hilfsmittel.

Aufgrund der eingeschränkten und erschwerten Handhabbarkeit von Großteilen ist das Spannen der Teile auf die Systempaletten sehr zeitaufwendig. Neben einer weitgehenden maschineninternen Kom-plettbearbeitung kann auch die stufenweise Bearbeitung auf sich ersetzenden und ergänzenden Bearbei-tungsmaschinen zur Reduzierung der Umspannhäufigkeit pro Werkstück beitragen. Häufig werden hori-zontale und vertikale Bearbeitungszentren sowie bei umfangreichen Bohrarbeiten auch kostengünstigere Bohrzentren miteinander verkettet. Erfahrungsgemäß wird der Kapazitätsbedarf mit drei bis vier Bear-beitungsmaschinen abgedeckt.

Wegen der großen Werkstückmassen müssen zu deren systeminternen Transport schienengeführte Palet-tenwagen zum Einsatz kommen. Diese bedingen u. a. auch die lineare Anordnung der Bearbeitungsma-schinen, Palettenabstell- und Rüst-/Spannplätze. Daraus resultieren im FFS-Verantwortungsbereich lange Wege und eine eingeschränkte Übersichtlichkeit.

Zentrale, systeminterne Werkzeuglager mit Robot Carrier sind zur Werkzeugversorgung ungeeignet. Aus diesem Grund kommen große, dezentrale Werkzeugspeicher für Standardwerkzeuge in Form von Kassetten oder Ketten sowie bei Bedarf separate Magazine und Übergabeeinrichtungen für Vorsatzköp-fe zum Einsatz. Bei großen, auftragswechselbedingten Werkzeugwechselhäufigkeiten und -umfängen ist der systeminterne Transport von Werkzeugwechselkassetten vorteilhaft. Der zentrale Werkzeugüberga-beplatz bietet sich zur Integration in die Arbeitszone für fiktive Einsteller der Werkzeuge E* 1 beson-ders an. Dafür muß jedoch das systemnahe Werkzeuglager einschließlich Voreinstellgerät im unmittel-baren Umfeld eingerichtet sein.

Die Anzahl der pro Bearbeitungsmaschine benötigten Palettenabstellplätze ist im Vergleich zum FFS-Einsatztyp III gering, denn der systemintern benötigte Werkstückpuffer ist aufgrund der langen Paletten-laufzeiten deutlich niedriger. Zugleich wirken die größenbedingt hohen Raum- und Investitionskosten restriktiv, so daß systemintern nur wenige vorrichtungsseitig aufgerüstete Systempaletten speicherbar sind.

Das zeitaufwendige Umrüsten der Vorrichtungen muß zu einem großen Teil direkt auf der Systempalette erfolgen. Deshalb sollte ein am FFS-Rand gelegener Rüst-/Spannplatz primär als Arbeitszone für einen fiktiven Vorrichtungsrüster R* 1 ausgelegt werden. Generell ist jedoch aus Flexibilitätsgründen keine prinzipielle Trennung zwischen Rüst- und Spannplätzen vorzunehmen, denn in den Arbeitszonen der fiktiven Bediener B* 2 muß im Bedarfsfall neben der Hauptaufgabe Werkstücke spannen (TA 10) auch umgerüstet werden. Die großen Abmessungen und Massen der Werkstücke erfordern die Ausstattung der Arbeitszonen B* 2 mit Hebezeugen/Kranen und ggf. mit Wendestationen. Die räumliche Konzentration der Rüst-/Spannplätze ist trotz des großen Bedarfs an Bereitstellflächen zu forcieren, damit sich die MA gegenseitig unterstützen können.

Für große FFS des FFS-Einsatztyps IV ist die Ausführung der TA 2 und 3 (Fertigungsaufträge einplanen und steuern) nur noch mit Unterstützung durch einen Leitrechner möglich. Dies macht die Definition einer separaten Arbeitszone im Bereich des erhöhten, abgeschlossenen Leitstandes notwendig. Eine räumliche Nähe zum Werkzeuglager, zur zentralen Werkzeugübergabestation und zur Arbeitszone R* (Vorrichtungsrüsten) bietet die Möglichkeit zur Überlappung verschiedener Arbeitszonen.

Für die Ausführung der vielfältigen Teilaufgaben unmittelbar an den einzelnen Bearbeitungsmaschinen, wie z. B. TA 5, 9 (Wechsel von Schneidplatten, Werkzeuge einstellen), TA 13 (NC-Programm-Meßstops) und TA 14 (Nullpunktverschiebungen, Schnittgeschwindigkeiten) müssen aufgrund der räumlichen Ausdehnung und eingeschränkten Zugänglichkeit der Arbeitsstellen separate Arbeitszonen für die fiktiven Bediener B* 1 definiert werden.

Die Integration von Wasch-, Meß- und Nebenmaschinen in den FFS-Verantwortungsbereich lohnt sich nur selten, weil in der Regel die FFS-Fertigungsaufträge keine ausreichende, kapazitive Auslastung sichern. Erweist sich unternehmensspezifisch der Einsatz einer Nebenmaschine als sinnvoll, dann sollte diese in räumlicher Nähe zu den Rüst-/Spannplätzen installiert werden.

Den FFS-Verantwortungsbereich des FFS-Einsatztyps IV prägen somit folgende, zum Teil mehrfach zu definierenden, Arbeitszonen:

<u>Arbeitszone für Systemführer S* 1</u>
- im Bereich des räumlich abgeschlossenen Leitstandes und des Werkzeuglagers
- Anzahl im FFS-Verantwortungsbereich = 1

<u>Arbeitszone für Bediener B* 1(primär TA 5, 8, 9, 14)</u>

- im Bereich der verketteten Bearbeitungsmaschinen

- Anzahl im FFS-Verantwortungsbereich = zirka 1 - 2

<u>Arbeitszone für Bediener B* 2 (primär TA 10, 13)</u>

- im Bereich der Rüst-/Spann- und Kontrollplätze

- Anzahl im FFS-Verantwortungsbereich = zirka 2 - 3

<u>Arbeitszone für Vorrichtungsrüster R* 1</u>

- im Bereich eines Rüst-/Spannplatzes

- Anzahl im FFS-Verantwortungsbereich = 1

<u>Arbeitszone für Nebenmaschinenbediener N* 1</u>

- im Bereich der Nebenmaschinen falls vorhanden

- Anzahl im FFS-Verantwortungsbereich = zirka 1 - 2

<u>Arbeitszone für Einsteller der Werkzeuge E* 1</u>

- im Bereich des Werkzeuglagers mit Werkzeugvoreinstellgerät und falls vorhanden der zentralen Werkzeugein- und -ausschleusstation

- Anzahl im FFS-Verantwortungsbereich = 1

5.5.4 Arbeitsorganisation

Ausgehend von den FFS-einsatztypspezifischen Anforderungen an die Teilaufgaben TA 1 bis 17 werden im Anhang 10.8 schrittweise die Vorschläge zur Arbeitsorganisation hergleitet. Im vorherigen Abschnitt wurde bereits darauf hingewiesen, daß eine hohe MA-Disponibilität innerhalb des FFS-Verantwortungsbereiches erreicht werden muß. Die in den Tabellen 58 bis 60 (vgl. Anhang 10.8) definierten sechs Gruppen fiktiver MA müssen deshalb in nur drei Beschäftigtengruppen zusammen gefaßt werden (Bild 29).

<u>Beschäftigtengruppe Systemführer S*</u>

Für die Beschäftigtengruppe Systemführer S* wird trotz der räumlichen Trennung vor allem eine Erweiterung der Teilaufgabenkombination in Richtung der Arbeitsaufgabe der Beschäftigtengruppe Einsteller E* anvisiert. Für die Nachtschichtvertretung kommen nur die Bediener B* 1 in Betracht. Zur Sicherstellung der Vertretung der Systemführer S*, ggf. auch bei längerem Ausfall, sind Trainingsmöglichkeiten im Leitstand einzuräumen.

<u>Beschäftigtengruppe Bediener B*</u>

Die Beschäftigtengruppe Bediener umfaßt folgende fiktiven MA mit spezifischen aber flexibel erweiterbaren Arbeitszonen und Teilaufgabenkombinationen:

- Bediener B* 1 (primär TA 5, 8, 9, 14),
- Bediener B* 2 (primär TA 10, 13),
- Vorrichtungsrüster R* 1 (primär TA 6) und
- Nebenmaschinenbediener N* 1 (primär TA 12).

In Abhängigkeit von der aktuellen Auslastungssituation und dem Unterstützungsbedarf der einzelnen MA kann zwischen gleichartigen und unterschiedlichen Arbeitszonen gewechselt werden (Bild 29). Wenn z. B. die MA der Beschäftigtengruppe Vorrichtungsrüster R* nicht durch kurzfristige Umrüstaufgaben gebunden sind, dann können sie die Bediener B* 2 beim Aufspannen oder Prüfen der Werkstücke (TA 10, 13) unterstützen oder zeitweilig vertreten. Innerhalb der Gruppe der Bediener B* 1 ist die Erweiterung der Arbeitszonen einzelner MA vor allem dann notwendig, wenn andere MA durch zeitaufwendige Teilaufgabenausführungen (z. B. Aufträge einfahren TA 5) gebunden sind. Durch job rotation läßt sich die dafür benötigte Qualifikation aller MA erhalten.

<u>Beschäftigtengruppe Einsteller der Werkzeuge E*</u>

Die einzige fixe Arbeitszone und Teilaufgabenkombination besteht für die Beschäftigtengruppe Einsteller E, weil deren kapazitive Auslastung in der Tagschicht meist gegeben ist und der aktuelle Bezug zu den Zustands- und Fertigungsauftragsdaten im wesentlichen fehlt. Die Beschäftigtengruppe Bediener B* sollte im Bedarfsfall, wie beispielsweise bei urlaubs- oder krankheitsbedingter Abwesenheit eines MA, eine Vertretung stellen können.

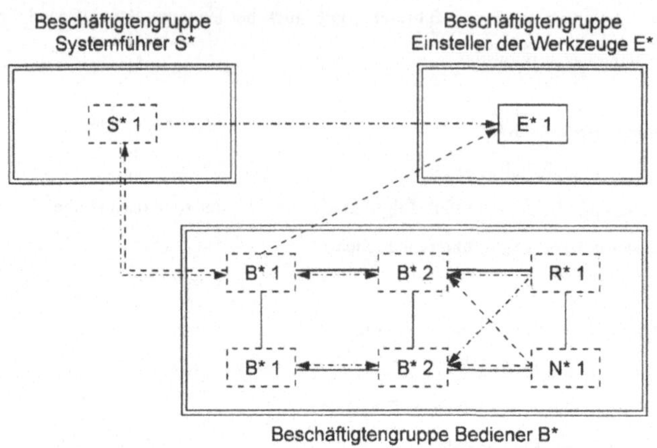

Legende:

S*1	fiktiver Systemführer	B*1	fiktiver Bediener (primär TA 5, 8, 9, 14)
B*2	fiktiver Bediener (primär TA 10, 13)	R*1	fiktiver Vorrichtungsrüster
N*1	fiktiver Nebenmaschinenbediener	E*1	fiktiver Einsteller der Werkzeuge
———	job rotation	·—·—·—	Flexible TA-Erweiterung
- - - - -	Situationsbedingte TA-Erweiterung		Flexible Arbeitszone und -aufgabe

Beschäftigtengruppe

Fixe Arbeitszone und -aufgabe

Bild 29: Arbeitsorganisation innerhalb des FFS-Verantwortungsbereiches (FFS-Einsatztyp IV)

5.5.5 Personaleinsatz

Ausgehend von den im vorherigen Kapitel definierten Beschäftigtengruppen werden deren Teilaufgaben als Haupt- und Nebenaufgaben formaler Arbeitsaufgaben zusammengefaßt und die entsprechenden Qualifikationsanforderungen abgeleitet (Tab. 33). Das Ergebnis sind komplexe Arbeitsaufgaben, insbesondere für die Beschäftigtengruppe Bediener B*, und hohe Qualifikationsanforderungen.

Beschäftigtengruppe		Teilaufgaben (TA) als Grundaufgabe	Teilaufgaben (TA) als Zusatzaufgabe	Kenntnisse und Erfahrungen (AFK 10)	Fertigkeiten (AFK 11)
S*	Systemführer (S* = S* 1)	2, 3, 4, 17	7, 14, [15]	AFS 3	gering
B*	Bediener (B* = B* 1 + B* 2 + R* 1+ N* 1)	[3], 4, 5, 6, 8, 9, 10, 12*, 13, 14, [15]	[7], 11, [17]	AFS 2	sehr hoch
E*	Einsteller der Werkzeuge (E* = E* 1)	7	8, 9	AFS 2	hoch

Legende: (TA 1 - 17 im Anhang 10.1, AFK 10 u. 11 mit jeweiligen AFS im Anhang 10.4 erläutert)
S* 1   fiktiver Systemführer   B* 1   fiktiver Bediener 1 (primär TA 10, 13)
B* 2   fiktiver Bediener 2 (primär TA 5, 8, 9, 14)   R* 1   fiktiver Vorrichtungsrüster
N* 1   fiktiver Nebenmaschinenbediener   E* 1   fiktiver Einsteller der Werkzeuge
[ ]   anteilige TA-Ausführung
AFS 2   Anforderungsstufe für AFK 10: CNC-Facharbeiterniveau mit umfassender Arbeitserfahrung
AFS 3   Anforderungsstufe für AFK 10: wie 2 mit Sozialkompetenz für Führungsaufgaben

Tab. 33: Formale Anforderungen ans FFS-Personal (FFS-Einsatztyp IV)

Die Tabelle 34 gibt einen Überblick über die Arbeitsteilung und -organisation des FFS-Verantwortungs-bereiches mit andereren Fachbereichen. Es wird deutlich, daß die Autonomie des FFS-Verantwortungsbereiches hoch sein kann, obwohl der Integrationsgrad von Teilaufgaben, die der Komplettbearbeitung und -behandlung dienen, relativ gering ist (z. B. TA 11, 12).

Fachbereiche u. -unternehmen		Bereichsintern ausgeführte Teilaufgaben (TA)	Bereichsextern ausgeführte Teilaufgaben (TA)	Kenntnisse und Erfahrungen (AFK 10)	Fertigkeiten (AFK 11)
AV	Arbeitsvorbereitung		1	AFS 4	keine
PR	NC-Programmierung	[5]	1	AFS 4	keine
QW	Qualitätswesen		1	AFS 4	keine
VB	Vorrichtungsbau		1, 6	AFS	hoch
WL/WS	Werkzeuglager/-schleiferei		[7]	AFS 4	sehr hoch
KB	Komplettbearbeitung		12	AFS 2	hoch
EG	Entgraterei/Wäscherei		11	AFS 0	mittel
MR	Meßraum	[13]	13	AFS 4	sehr hoch
IH	Instandhaltung	15	[15]	AFS 4	sehr hoch
RSU	Reinigungsserviceunternehmen	16		AFS 0	gering

Legende: (TA 1 - 17 im Anhang 10.1, AFK 10 u. 11 mit jeweiligen AFS im Anhang 10.4 erläutert)
[ ]   anteilige TA-Ausführung
AFS 0   Anlernniveau mit Arbeitserfahrung
AFS 2   Anforderungsstufe für AFK 10: CNC-Facharbeiterniveau mit umfassender Arbeitserfahrung
AFS 4   Anforderungsstufe für AFK 10: Niveau entspricht Spezialisierung in anderem Fachgebiet

Tab. 34: Formale Anforderungen an externe Fachbereiche und -unternehmen (FFS-Einsatztyp IV)

Für den FFS-Einsatztyp IV ist bei einer gezielten, schichtartdifferenzierten Einplanung, Vorbereitung und Abarbeitung der Fertigungsaufträge eine Reduzierung der Personalstärke pro Schichtart möglich (Tab. 35). Die Anwesenheit von Bedienern B* in der Nachtschicht hängt davon ab, ob das FFS im Spannbetrieb oder im Systemauslauf genutzt werden soll. Im Falle des Spannbetriebes entscheiden die konkreten Anforderungen aus den Teilaufgaben Werkstücke spannen, prüfen und bewerten sowie Eingreifen bei Qualitätsabweichungen (TA 10, 13, 14) über die Personalstärke.

Beschäftigtengruppe	Schichtart	Tag-schicht	Früh-schicht	Spät-schicht	Nacht-schicht	Sonder-schicht
S*	Systemführer (S* = S* 1)	---	1	1	0	1[1]
B*	Bediener (B* = B* 1 + B* 2 + R* 1 + N* 1)					
	Bediener B* 1 + B* 2	---	3 - 5	3 - 5	3 - 5 R	1[1]
	Rüster R* 1	---	1	1	0	---
	Nebenmaschinenbediener N* 1	---	1 - 2	1 - 2	1 - 2 R	---
E*	Einsteller der Werkzeuge (E* = E* 1)	1	---	---	---	---

Legende:

---	Schichtart ohne Bedeutung	R 1	Reduzierung u. U. möglich
S* 1	fiktiver Systemführer	B* 1	fiktiver Bediener (primär TA 5, 8, 9, 14)
B* 2	fiktiver Bediener (primär TA 10, 13)	R* 1	fiktiver Rüster
N* 1	fiktiver Nebenmaschinenbediener	E* 1	fiktiver Einsteller
1[1]	insgesamt 1 bis 2 Mitarbeiter		

Tab. 35: Stärke der Beschäftigtengruppen im FFS-Verantwortungsbereich (FFS-Einsatztyp IV)

Bei einem schichtartdifferenzierten FFS-Einsatz kann auch die notwendige Einsatzbereitschaft peripherer Fachbereiche für den FFS-Verantwortungsbereich auf ein Minimum beschränkt werden (Tab. 36).

Fachbereiche u. -unternehmen	Schichtart	Tag-schicht	Früh-schicht	Spät-schicht	Nacht-schicht	Sonder-schicht
AV	Arbeitsvorbereitung	Einsatz	---	---	---	---
PR	NC-Programmierung	Einsatz °	---	---	---	---
QW	Qualitätswesen	Einsatz	---	---	---	---
VB	Vorrichtungsbau	Einsatz	---	---	---	---
WL/WS	Werkzeuglager/-schleiferei	Einsatz	---	---	---	---
KB	Komplettbearbeitung	---	Einsatz	Einsatz	Einsatz R	---
EG	Entgraterei/Wäscherei	---	Einsatz	Einsatz	---	---
MR	Meßraum	---	Einsatz	Einsatz R	---	---
IH	Instandhaltung	---	Einsatz	Einsatz	Abruf °°	---
RSU	Reinigungsserviceunternehmen	---	---	---	---	Einsatz

Legende:

---	Schichtart ohne Bedeutung	R	Reduzierung u. U. möglich
°	Gleitzeit	°°	Abrufbereitschaft

Tab. 36: Einsatzbereitschaft externer Fachbereiche und -unternehmen (FFS-Einsatztyp IV)

Jedoch ist dann unter anderem eine Gleitzeitregelung für die MA der NC-Programmierung erforderlich, damit den für Großteile typischen Anforderungen beim Einfahren neuer Werkstücke, wie z. B. sehr lange, z. T. schichtübergreifende CNC-Programmlaufzeiten, entsprochen werden kann.

5.6 Ermittlung der Gestaltungsvorschläge für FFS-Einsatztyp V

Ausgehend von den im Kapitel 5.1 beschriebenen Gestaltungsgrundlagen wird nachfolgend FFS-einsatztypspezifisch auf:

- ✎ den Charakter der Systemarbeitsaufgabe (vgl. Kap. 5.6.1),
- ✎ den schichtartdifferenzierten FFS-Einsatz (vg. Kap. 5.6.2),
- ✎ die Auslegung des FFS-Verantwortungsbereiches (vgl. Kap. 5.6.3),
- ✎ die Arbeitsorganisation (vgl. Kap. 5.6.4) und
- ✎ den Personaleinsatz (vgl. Kap. 5.6.5)

eingegangen.

5.6.1 Charakterisierung der Systemarbeitsaufgabe

Die Merkmalsausprägung Einmalfertigung (C.d) des FFS-Einsatztyps V bewirkt im Vergleich zum FFS-Einsatztyp IV eine weitere Erhöhung einzelner Anforderungskriterien der TA 2 bis 14. Vor allem die Anforderungen an die Kriterien zeitliche Planbarkeit und Bindung (Anforderungskriterium AFK 6, 7) sind davon betroffen. Diese beschreiben die für Einmalfertiger von Großteilen typische eingeschränkte Vorhersehbarkeit des Zeitpunktes und -aufwandes sowie die etwas geringeren Freiheitsgrade zum zeitlichen Disponieren der Teilaufgabenausführung. Unter Verwendung der teilaufgabenbezogenen Anforderungsprofile sind die wesentlichen charakterlichen Besonderheiten der Systemarbeitsaufgabe des FFS-Einsatztyps V ableitbar (Tab. 37).

Das erste Charakteristikum der Systemarbeitsaufgabe steht in unmittelbarem Zusammenhang mit der hohen Einfahrhäufigkeit neuer Fertigungsaufträge und deren sehr geringen Optimierungsgrad. Häufig sind mehrmals täglich neue Aufträge einzufahren (TA 5) (AFK 4 = 1), der Zeitaufwand pro Werkstück kann mehr als 8 Stunden betragen (AFK 3 = 2). Daraus folgt, daß Einfahraufträge in allen Schichten eingeplant und abgearbeitet werden müssen. Durch den geringen Optimierungsgrad der Aufträge sind häufig NC-Programmierer zur Klärung von Problemen heranzuziehen (AFK 8 = 2, AFK 9 = 2), obwohl auch das Einfahrpersonal über sehr hohe Kenntnisse und Erfahrungen verfügen muß (AFK 10 = 2).

- 118 -

Die aus der großen Anzahl von Einfahr- und Eilaufträgen resultierende Häufigkeit von Auftragswechseln bestimmt das zweite Charakteristikum. Mehrmals täglich sind auftragswechselbedingt Vorrichtungen umzurüsten (TA 6), Werkzeuge vorzubereiten und bereitzustellen (TA 7, 8). Der Zeitaufwand zur Ausführung der TA 6 ist aufgrund des geringen Vorbereitungsgrades schlecht abschätzbar und hoch (AFK 6 = 3, AFK 3 = 2). Ein zentrales Werkzeugversorgungssystem und der überwiegende Einsatz von Universalwerkzeugen sind zur Reduzierung der Anforderungen an die Teilaufgaben Werkzeugwechsel vor- und nachbereiten (TA 7) und auftragswechselbedingt Werkzeuge austauschen (TA 8) unbedingt erforderlich.

Bei dem dritten und vierten Charakteristikum kann auf die Ausführungen zum FFS-Einsatztyp IV verwiesen werden (Kap. 5.5.1). Die Anforderungen an das Einplanen und Steuern von Fertigungsaufträgen (TA 2, 3) steigen sogar noch hinsichtlich der zeitlichen Bindung (AFK 7 = 1) und des Kommunikationsbedarfes mit Fremdbereichen (AFK 9 = 2). Ebenso wirkt sich für das Spannen der Großteile (TA 10) die schlechte Abschätzbarkeit des in jedem Fall hohen Aufwandes (AFK 7 = 2, AK 3 = 1) erschwerend aus.

Das fünfte Charakteristikum beschreibt, daß schichtartunabhängig ein sehr hoher Bedarf an hoch qualifiziertem FFS-Personal pro Bearbeitungsmaschine besteht. Der große zeitliche Aufwand der häufig auszuführenden Teilaufgaben (z. B. TA 5, 6, 10, 13) und die oftmaligen Eingriffe bei Qualitätsabweichungen erfordern eine sehr hohe Einsatzdisponibilität der MA im FFS-Verantwortungsbereich.

Teilaufgabe	Fertigungsaufträge vorbereiten					Fertigungsaufträge einplanen					Fertigungsaufträge steuern					FFS wieder in Betrieb nehmen					Aufträge einfahren					Umrüsten bei Auftragswechsel				
	TA 1					TA 2					TA 3					TA 4					TA 5					TA 6				
Anforderungsstufe / Anforderungskriterium	0	1	2	3	4	0	1	2	3	4	0	1	2	3	4	0	1	2	3	4	0	1	2	3	4	0	1	2	3	4
1 Komplexität der TA				x				x						x					x					x				x		
2 Räumliche FFS-Bindung					x		x					x							x					x				x		
3 Einmaliger Zeitaufwand				x			x					x					x					x						x		
4 Wiederholungen pro Tag		x					x					x				x					x						x			
5 Wiederholungen pro Jahr					x				x				x						x						x					x
6 Zeitliche Planbarkeit			x				x								x	x						x							x	
7 Zeitliche Bindung	x						x					x							x			x						x		
8 Kooperationsumfang	x						x				x							x				x							x	
9 Kommunikat. m. Externen				x				x					x			x					x									x
10 Kenntnisse u. Erfahrungen			x				x						x				x					x						x		
11 Fertigkeiten	x					x					x							x							x					x

Legende: x   Anforderungsstufe

Tab. 37/1: Anforderungsprofil der Systemarbeitsaufgabe (FFS-Einsatztyp V)

Anforderungskriterium	WZ-Wechsel vor- und nachbereiten (TA 7)					WZ wechseln bei Auftragswechsel (TA 8)					WZ wechseln bei Verschleiß und Bruch (TA 9)					Werkstücke spannen oder palettieren (TA 10)					Werkstücke entgraten und reinigen (TA 11)				
Anforderungsstufe	0	1	2	3	4	0	1	2	3	4	0	1	2	3	4	0	1	2	3	4	0	1	2	3	4
1 Komplexität der TA		x						x					x					x				x			
2 Räumliche FFS- Bindung	x								x					x					x			x			
3 Einmaliger Zeitaufwand	x						x				x						x					x			
4 Wiederholungen pro Tag	x							x					x					x				x			
5 Wiederholungen pro Jahr		x								x					x					x					x
6 Zeitliche Planbarkeit		x						x						x	o			x				x			
7 Zeitliche Bindung	x							x				x		o				x			x				
8 Kooperationsumfang	x						x					x							x			x			
9 Kommunikat. m. Externen		x				x					x					x					x				
10 Kenntnisse u. Erfahrungen		x						x					x				x				x				
11 Fertigkeiten		x						x					x						x			x			

Legende: TA 9   x   Anforderungsstufe bei abschätzbarem Verschleiß
                 o   abweichende Anforderungsstufe bei unerwartetem Verschleiß u. Bruch

Tab. 37/2: Anforderungsprofil der Systemarbeitsaufgabe (FFS-Einsatztyp V)

Anforderungskriterium	TA an Nebenmaschinen u. -plätzen (TA 12)					Werkstücke prüfen und beurteilen (TA 13)					Eingreifen bei Qualitätsabweichungen (TA 14)					Instandhalten und Warten (TA 15)					FFS umfassend reinigen (TA 16)				
Anforderungsstufe	0	1	2	3	4	0	1	2	3	4	0	1	2	3	4	0	1	2	3	4	0	1	2	3	4
1 Komplexität der TA		x					x							x			x				x				
2 Räumliche FFS- Bindung		x						x						x				x							x
3 Einmaliger Zeitaufwand	x					x						x						x					x		
4 Wiederholungen pro Tag	x							x						x		x							x		
5 Wiederholungen pro Jahr			x						x					x			x						x		
6 Zeitliche Planbarkeit		x						x						x			x				x				
7 Zeitliche Bindung	x							x						x				x			x				
8 Kooperationsumfang		x					x						x					x				x			
9 Kommunikat. m. Externen	x					x						x						x			x				
10 Kenntnisse u. Erfahrungen		x					x						x						x		x				
11 Fertigkeiten			x				x						x						x			x			

Legende: x   Anforderungsstufe

Tab. 37/3: Anforderungsprofil der Systemarbeitsaufgabe (FFS-Einsatztyp V)

5.6.2 Schichtartdifferenzierter FFS-Einsatz

Der im vorherigen Kapitel beschriebene Charakter der Systemarbeitsaufgabe hat zur Folge, daß der FFS-Einsatztyp V nur sehr eingeschränkte Möglichkeiten zum schichtartdifferenzierten FFS-Einsatz bietet (Tab. 38). Lediglich das Einplanen der Fertigungsaufträge (TA 2) und die planmäßig vorbereitbare, auftragswechsel- und verschleißbedingte Werkzeugversorgung (TA 7, 8, 9) sind auf die Früh- und Spätschichten konzentrierbar.

Im Gegensatz zu den FFS-Einsatztypen III und IV ist der Systemleerlauf in der Nachtschicht grundsätzlich auszuschließen, denn es kann kein ausreichend großer Vorrat an unkritischen, keine manuellen Eingriffe erfordernden Werkstücken im FFS geschaffen werden. Zugleich muß der Einfahr-/Rüstbetrieb in allen FFS-Einsatzschichten möglich sein, weil die Vielzahl der Einfahraufträge erhebliche Planungsunsicherheiten mit sich bringt und der Nutzungsgrad des FFS unmittelbar vom hauptzeitparallelen Umrüsten und Spannen der Werkstücke beim Freiwerden einer Systempalette abhängt.

Schichtart / Schichtlage	Frühschicht	Spätschicht	Nachtschicht
1. Schicht[1]	Wiederinbetriebnahme TA 4 Spannbetrieb TA 2, 3, 10, 13, 14 Werkzeugversorgung TA 7, 9 Einfahr-/Rüstbetrieb TA 5, 6, 7, 8	---	---
2. - 14. Schicht	Spannbetrieb TA 2, 3, 10, 13, 14 Werkzeugversorgung TA 7, 9 Einfahr-/Rüstbetrieb TA 5, 6, 7, 8	⇒ analog	Spannbetrieb TA 3, 10, 13, 14 Einfahr-/Rüstbetrieb TA 5, 6, 7, 8
15. Schicht	---	---	⇓ analog

[1] Annahme: Frühschicht ist Beginn einer dreischichtigen Fünftagearbeitswoche

Legende: (TA 1-17 im Anhang 10.1 erläutert)

Tab. 38: Schichtartdifferenzierter FFS-Einsatz (FFS-Einsatztyp V)

5.6.3 Auslegung des FFS-Verantwortungsbereiches

Der FFS-Verantwortungsbereich des FFS-Einsatztyps V unterscheidet sich in einigen Details von dem des FFS-Einsatztyps IV, der ebenfalls der Großteilbearbeitung dient. Ein wesentlicher Unterschied besteht in der meist noch geringeren Anzahl von Bearbeitungsmaschinen, die erfahrungsgemäß kaum drei übersteigt. Ebenso stehen pro Bearbeitungsmaschine nur ein bis zwei Pufferplätze und Rüst-/Spannplätze zur Verfügung, die z. T. flexibel genutzt werden können. Schwenk- und/oder Brückenkrane unterstützen die Werkstückhandhabung an den Rüst-/Spannplätzen, an denen auch die Spann- und Meßmittel gelagert werden (Arbeitszone B* 2). Wenn die Werkstücke häufig nach eigenem Anriß aufzuspannen sind, sollen die benötigten Anreißplatten in der Rüst-/Spannplatznähe angeordnet werden. Manuelle Wende- und Waschplätze sowie Meßplatten mit Höhenmeßgeräten tragen zur Reduzierung des

Transportaufwandes der Werkstücke bei. Der Integration von Wasch-, Meß- und Nebenmaschinen in den FFS-Verantwortungsbereich stehen die Werkstückgröße und die Einmalfertigung entgegen.

Den letzten wesentlichen Unterschied zum FFS-Einsatztyp IV stellen die prinzipiell notwendigen, zentralen Werkzeugversorgungs- und Lagersysteme der FFS dar. Vorsatzkopfregalmagazine ergänzen die großen Werkzeugspeicher der Bearbeitungsmaschinen für Normalwerkzeuge.

Innerhalb des FFS-Verantwortungsbereiches müssen die folgenden vier verschiedenen Arbeitszonen gebildet werden:

<u>Arbeitszone für Systemführer S* 1</u>

- im Bereich des räumlich abgeschlossenen Leitstandes und des Werkzeuglagers
- Anzahl im FFS-Verantwortungsbereich = 1

<u>Arbeitszone für Bediener B* 1(primär TA 5, 9, 14)</u>

- im Bereich der verketteten Bearbeitungsmaschinen
- Anzahl im FFS-Verantwortungsbereich = zirka 2 - 3

<u>Arbeitszone für Bediener B* 2 (primär TA 6, 10, 13)</u>

- im Bereich der Rüst-/Spannplätze
- Anzahl im FFS-Verantwortungsbereich = zirka 2 - 3

<u>Arbeitszone für Einsteller der Werkzeuge E* 1</u>

- im Bereich des Werkzeuglagers mit Werkzeugvoreinstellgerät und zentraler Werkzeugein- und -ausschleusstation
- Anzahl im FFS-Verantwortungsbereich = 1

Aufgrund der kaum reduzierbaren großen Ausdehnung der Arbeitszonen B* 1 und B* 2 sowie den daraus resultierenden arbeitsorganisatorischen Nachteilen müssen diese zum Teil maschinenbezogen unterteilt und zugleich flexibel erweiterbar ausgelegt werden.

5.6.4 Arbeitsorganisation

Bei der detaillierten Ableitung der arbeitsorganisatorischen Gestaltungsvorschläge (vgl. Anhang 10.9, Tab. 61 bis 63) wurde von einem FFS mit drei Bearbeitungsmaschinen ausgegangen. Dadurch konnten wesentliche Teilaufgaben der Systemarbeitsaufgabe hauptverantwortlich dem FFS-Personal übertragen werden. Unter Berücksichtigung der zu bildenden Arbeitszonen mußte von vier verschiedenen fiktiven MA ausgegangen werden. Aus Disponibilitätsgründen gehören die Bediener B* 1 und B* 2 zu einer Beschäftigtengruppe. Das Bild 30 zeigt die durchgängig flexibel ausgelegten Arbeitszonen und fiktiven Arbeitsaufgaben, die enge arbeitsorganisatorische Verknüpfung der MA untereinander sowie die einzurichtende job rotation zwischen den Bedienern B*.

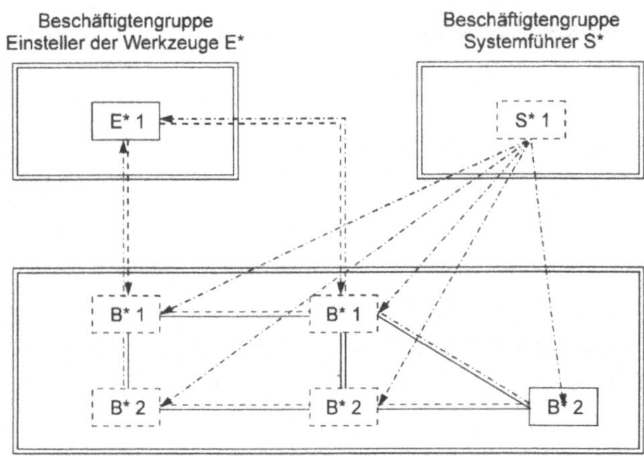

Bild 30: Arbeitsorganisation innerhalb des FFS-Verantwortungsbereiches (FFS-Einsatztyp V)

Beschäftigtengruppe Systemführer S*

Die Systemführer S* 1 führen zusätzlich die technologische Beratung der Bediener B* 1 und B* 2 sowie die Kommunikation mit Fachbereichen bei Schwierigkeiten durch. In der Nachtschicht stellen bedarfsweise die Bediener B* 1 dessen Vertretung . Bei längerem MA-Ausfall ist allerdings die Personaldisponibilität im FFS-Verantwortungsbereich dafür nicht ausreichend, d. h. externe Unterstützung ist vorzusehen.

Beschäftigtengruppe Bediener B*

Die Unterteilung der Beschäftigtengruppe B* ist für die schichtweise Zuordnung und Ausführung bestimmter Teilaufgaben ebenso notwendig, wie die flexible Auslegung der Arbeitszonen und Teilaufgabenkombinationen der fiktiven Bediener B* 1und B* 2 für die Homogenisierung der MA-Auslastung und die notwendige gegenseitige Unterstützung.

Beschäftigtengruppe Einsteller der Werkzeuge E*

Auch für die Beschäftigtengruppe E* sind die Arbeitszone und die Teilaufgabenkombination zur Ausnutzung zeitlicher Freiräume flexibel in Richtung der fiktiven Bediener B* 1 zu erweitern. Bei längerer MA-Abwesenheit (z. B. Urlaub) kann nur bei einer nicht zu engen Personalplanung die Vertretung im FFS-Verantwortungsbereich gesichert werden.

5.6.5 Personaleinsatz

Die Tabelle 39 zeigt, wie die im vorangegangenen Kapitel vorgestellten Beschäftigtengruppen durch einheitliche Arbeitsaufaben und Qualifikationsanforderungen zu formalisieren sind.

Beschäftigtengruppe		Teilaufgaben (TA) als Grundaufgaben	Teilaufgaben (TA) als Zusatzaufgaben	Kenntnisse und Erfahrungen (AFK 10)	Fertigkeiten (AFK 11)
S*	Systemführer (S* = S* 1)	2, 3, 4, [15], 17	[7], [14]	AFS 3	hoch
B*	Bediener (B* = B* 1 + B* 2)	3, 4, 5, 6, 8, 9, 10, 13, 14, [15]	[7], [17]	AFS 2	sehr hoch
E*	Einsteller der Werkzeuge (E* = E* 1)	7, 8, 9	[10]	AFS 2	hoch

Legende: (TA 1 - 17 im Anhang 10.1, AFK 10 u. 11 mit jeweiligen AFS im Anhang 10.4 erläutert)
S* 1   fiktiver Systemführer   B* 1   fiktiver Bediener (primär TA 5, 9, 14)
B* 2   fiktiver Bediener (primär TA 6, 10, 13)   E* 1   fiktiver Einsteller der Werkzeuge
[ ]   anteilige TA-Ausführung
AFS 2   Anforderungsstufe für AFK 10: CNC-Facharbeiterniveau mit umfassender Arbeitserfahrung
AFS 3   Anforderungsstufe für AFK 10: wie 2 mit Sozialkompetenz für Führungsaufgaben

Tab. 39: Formale Anforderungen ans FFS-Personal (FFS-Einsatztyp V)

Beim FFS-Einsatztyp V findet infolge des verhältnismäßig geringen Vorbereitungs- und Optimierungsaufwandes der Fertigungsaufträge eine Erhöhung der Anforderungen bei der Teilaufgabenausführung im FFS-Verantwortungsbereich statt. Deshalb müssen MA aus anderen Fachbereichen das FFS-Personal bedarfsweise vor Ort unterstützen (Tab. 40).

Fachbereiche u. -unternehmen		Bereichsintern ausgeführte Teilaufgaben (TA)	Bereichsextern ausgeführte Teilaufgaben (TA)	Kenntnisse und Erfahrungen (AFK 10)	Fertigkeiten (AFK 11)
AV	Arbeitsvorbereitung		1	AFS 4	keine
PR	NC-Programmierung	[5]	1	AFS 4	keine
QW	Qualitätswesen		1	AFS 4	keine
VB	Vorrichtungsbau		1, 6	AFS 4	hoch
WL/WS	Werkzeuglager/-schleiferei		[7]	AFS 4	sehr hoch
KB	Komplettbearbeitung		12	AFS 2	sehr hoch
EG	Entgraterei/Wäscherei		11	AFS 0	mittel
MR	Meßraum	[13]	13	AFS 4	sehr hoch
IH	Instandhaltung	15	[15]	AFS 4	sehr hoch
RSU	Reinigungsservice	16		AFS 0	gering

Legende: (TA 1 - 17 im Anhang 10.1, AFK 10 u. 11 mit jeweiligen AFS im Anhang 10.4 erläutert)
[ ] anteilige TA-Ausführung
AFS 0 Anlernniveau mit Arbeitserfahrung
AFS 2 Anforderungsstufe für AFK 10: CNC-Facharbeiterniveau mit umfassender Arbeitserfahrung
AFS 4 Anforderungsstufe für AFK 10: Niveau entspricht Spezialisierung in anderem Fachgebiet

Tab. 40: Formale Anforderungen an externe Fachbereiche und -unternehmen (FFS-Einsatztyp V)

Beim FFS-Einsatztyp V ist nur eine schichtartabhängige Personalreduzierung für die Beschäftigtengruppen Systemführer S* und Einsteller der Werkzeuge E* möglich (Tab. 41). Der Bedarf an Bedienern B* ist schichtartunabhängig gleich hoch. Vor allem bei diesem FFS-Einsatztyp ist die Personalstärke eher großzügig auszugelegen, damit die Fertigungsaufgabe qualitätsgerecht und effizient erfüllt werden kann.

Beschäftigtengruppe	Schichtart	Tag-schicht	Früh-schicht	Spät-schicht	Nacht-schicht	Sonder-schicht
S*	Systemführer (S* = S* 1)	---	1	1	0	1^1
B*	Bediener (B* = B* 1 + B* 2)	---	4 - 6	4 - 5	4 -5	1^1
E*	Einsteller der Werkzeuge (E* = E* 1)	1	---	---	---	---

Legende:
--- Schichtart ohne Bedeutung   S* 1 fiktiver Systemführer
B* 1 fiktiver Bediener (primär TA 5, 9, 14)   B* 2 fiktiver Bediener (primär TA 6, 10, 13)
E* 1 fiktiver Einsteller der Werkzeuge 1^1 insgesamt 1 bis 2 Mitarbeiter

Tab. 41: Stärke der Beschäftigtengruppen im FFS-Verantwortungsbereich (FFS-Einsatztyp V)

Um die Vorschläge zur bereichsinternen Arbeitsteilung und -organisation realisieren zu können, müssen verstärkt MA ausgewählter Fachbereiche auch außerhalb der Tagschicht anwesend oder abrufbereit sein (Tab. 42).

Fachbereiche u. -unternehmen	Schichtart	Tag-schicht	Früh-schicht	Spät-schicht	Nacht-schicht	Sonder-schicht
AV	Arbeitsvorbereitung	Einsatz	---	---	---	---
PR	NC-Programmierung	Einsatz °	---	Abruf	---	---
QW	Qualitätswesen	Einsatz	---	---	---	---
VB	Vorrichtungsbau	Einsatz	---	---	---	---
WL/WS	Werkzeuglager/-schleiferei	Einsatz	---	---	---	---
KB	Komplettbearbeitung	---	Einsatz	Einsatz	Einsatz	---
EG	Entgraterei/Wäscherei	---	Einsatz	Einsatz	---	---
MR	Meßraum	---	Einsatz	Einsatz R	Einsatz R	---
IH	Instandhaltung	---	Einsatz	Einsatz	Abruf °°	---
RSU	Reinigungsserviceunternehmen	---	---	---	---	Einsatz

Legende:

---	Schichtart ohne Bedeutung	R	Reduzierung u. U. möglich
°	Gleitzeit	°°	Abrufbereitschaft

Tab. 42: Einsatzbereitschaft externer Fachbereiche und -unternehmen (FFS-Einsatztyp V)

5. 7   Gestaltunghinweise für Mischtypen der FFS-Einsatztypen

Neben den eindeutigen FFS-Einsatztypen I bis V existieren in der betrieblichen Praxis auch FFS-Einsatzfälle, welche wesentliche Merkmalsausprägungen verschiedener FFS-Einsatztypen kennzeichnen. Für die im Kapitel 4 hergeleiteten und anhand von untersuchten FFS-Einsatzfällen bestätigten Mischtypen ergibt sich hinsichtlich der Arbeitsorganisation und des Personaleinsatzes ein Gestaltungskonflikt. Jeder FFS-Einsatzfall stellt spezifische Anforderungen an die einzelnen Teilaufgaben, denen jeweils im ganzheitlichen Gestaltungskonzept Rechnung zu tragen ist. Aufgrund der Vielfalt solcher Veränderungen werden lediglich Entwicklungstendenzen für:

&rlhook; den Mischtyp II-III bzw. III-II,

&rlhook; den Mischtyp III-IV bzw. IV-III und

&rlhook; den Mischtyp IV-V bzw. V-IV

aufgezeigt. Die klassischen Mischtypen aus den FFS-Einsatztypen II und III sind durch den Konflikt zwischen kontinuierlich und losweise abzuarbeitenden Fertigungsaufträgen gekennzeichnet. (vgl. Kap. 4, Bild 22). Entgegen dem FFS-Einsatztyp II sind dann u. a. auftragswechselbedingt Vorrichtungen umzurüsten und Werkzeugwechsel vorzunehmen (TA 6, 8). Aus der Sicht des FFS-Einsatztyps III sinken die typischen Anforderungen an die Bediener B*, Vorarbeiter V* und Systemführer S*. Prinzipiell bleibt jedoch der Arbeitsalltagscharakter des Umrüstens und Einfahrens erhalten, so daß die Gestaltungsvorschläge des FFS-Einsatztyps III im wesentlichen gültig sind (vgl. Kap. 5.4).

Für die Mischtypen III - IV oder IV - III ergibt sich die Schwierigkeit, daß die Fertigung von Großteilen eine höhere MA-Disponibilität verlangt als die von Kleinteilen (vgl. Kap. 4, Bild 23). Bei beiden Mischtypen ist deshalb in Anlehnung an den FFS-Einsatztyp IV eine möglichst geringe formale Arbeitsteilung und eine intensive Zusammenarbeit der MA innerhalb des FFS-Verantwortungsbereiches anzustreben (vgl. Kap. 5.5).

Ausgehend von den FFS-Einsatztypen IV und V können die Mischtypen IV - V und V - IV entstehen (vgl. Kap. 4, Bild 24), wenn sich aufgrund der Variabilität der Auftragslage von Großteilherstellern die Fertigungsart verändert. Der zu- bzw. abnehmende Umfang der Einmalfertigung bringt die Gefahr einer qualifikationsseitigen Über- oder Unterforderung des FFS-Personals mit sich. Für den Mischtyp IV - V ist mit Nutzungsgradverlusten, einem höheren Ausschußrisiko und eingeschränkten Möglichkeiten zur schichtartabhängigen Reduzierung der Personalstärke zu rechnen. Zur Vermeidung derartiger Begleiterscheinungen sollte rechtzeitig eine Annäherung an die Gestaltungsvorschläge des FFS-Einsatztyps V stattfinden.

5. 8   Gestaltungshinweise für FFS-Einsatztypen mit extremen Merkmalsausprägungen

Neben den Mischtypen bedingen auch extreme Ausprägungen einzelner Merkmale der eindeutigen FFS-Einsatztypen, daß sich die Anforderungsprofile bestimmter Teilaufgaben entscheidend verändern. Primär beim FFS-Einsatztyp III tritt dieser Effekt auf, wenn ausschließlich Fertigungsaufträge in Serien (C.b) oder Einzel- und Kleinserien (C.c) zu fertigen sind (vgl. Kap. 4).

Die Serienfertigung eines eingeschränkten Werkstückspektrums bewirkt eine Veränderung der Systemarbeitsaufgabe in Richtung FFS-Einsatztyp II. Es sinken insbesondere die Anforderungen an die Teilaufgaben, die im unmittelbaren Zusammenhang mit der Auftragswechsel- und Einfahrhäufigkeit neuer Fertigungsaufträge stehen (z. B. TA 2, 3, 5, 6, 8). Die Einrichtung von Nebenmaschinen und -arbeitsplätzen sowie die damit verbundene Erweiterung der Systemarbeitsaufgabe gewinnen an Bedeutung.

Wenn jedoch ein sehr großes Werkstückspektrum mit geringen Stückzahlen und Wiederholhäufigkeiten pro Jahr zu fertigen ist, dann steigen die Anforderungen an die oben genannten Teilaufgaben an. Durch die Adaptierung wesentlicher Gestaltungsgrundsätze des FFS-Einsatztyps V, wie z. B. Verzicht auf die arbeitsaufgaben- und qualifikationsseitige Differenzierung in die Beschäftigtengruppen Vorarbeiter V* und Bediener B*, kann adäquat reagiert werden.

5.9 Gestaltungshinweise für FFS mit restriktiven Systemgrößen

Die in den Kapiteln 5.2 bis 5.6 hergeleiteten und erläuterten Gestaltungsvorschläge entsprechen den typspezifischen Anforderungen, bei denen sich die Systemgrößen nicht restriktiv auswirken. Mit einer Veränderung der Anzahl der in die FFS oder FFS-Verbundsysteme integrierten Bearbeitungsmaschinen gehen entscheidende Anforderungsveränderungen einher, welche adäquate Anpassungen der FFS-einsatztypspezifischen Gestaltungsvorschläge notwendig machen. Der Umfang der Systemarbeitsaufgabe und damit der Personalbedarf wird durch die Anzahl der Bearbeitungsmaschinen bestimmt (vgl. Kap. 5.1.2).

Eine Reduzierung der Bearbeitungsmaschinenanzahl hat einen sinkenden Umfang und eine sinkende Komplexität der Gesamtarbeitsaufgabe des FFS-Verantwortungsbereiches zur Folge. Einzelne Teilaufgaben müssen ganz oder teilweise von MA anderer Verantwortungs- bzw. Fachbereiche übernommen und in Abhängigkeit von deren räumlichen Bindung direkt im FFS-Verantwortungsbereich oder außerhalb ausgeführt werden. Je geringer die Anzahl der Teilaufgabenausführenden am FFS ist, um so restriktiver wirken sich:

- die räumlich-zeitlichen Bindungen,
- die technologischen Bindungen und
- das MA-bezogene Qualifikationsniveau

aus. Die Arbeitsteiligkeit innerhalb des FFS-Verantwortungsbereiches ist zu reduzieren, da eine Konzentration der verbleibenden Teilaufgaben auf eine geringere Anzahl von MA pro Schicht stattfindet. Innerhalb des FFS-Verantwortungsbereiches ist folglich eine zunehmende Überlappung von Arbeitszonen und Arbeitsaufgaben pro Beschäftigtengruppe in Richtung FFS-Bediener B* mit identischen Arbeitsaufgaben und Qualifikationen anzustreben. Nur dadurch kann die zur gegenseitigen Unterstützung und kurzzeitigen Vertretung benötigte Einsatzflexibilität der MA überhaupt erreicht werden.

Im Gegensatz dazu bewirkt eine Erhöhung der Anzahl der im FFS oder FFS-Verbund integrierten Bearbeitungsmaschinen, daß sich die Stärke einiger Beschäftigtengruppen pro Schichtart erhöht. Tendenziell ist mit einer größeren Ausdehnung des FFS-Verantwortungsbereiches die Gefahr verbunden, daß lange Wege, Unübersichtlichkeit etc. die Flexibilität der Arbeitsorganisation einschränken. Zugleich hat ein höherer Ausführungsaufwand eine stärkere zeitliche und räumliche Bindung der einzelnen MA zur Folge, die die Möglichkeit zur situationsabhängigen und flexiblen Erweiterung der Arbeitszonen ebenfalls einschränkt.

Ein weiterer zu berücksichtigender Aspekt ist die schichtartabhängige Stärke des FFS-Personals. Ab einer Gruppenstärke von 10 (15) MA gehen wesentliche positive Effekte der Gruppenarbeit, wie z. B. durch erhöhte Koordinationsaufwände, verloren (vgl. Kap. 5.1.2). Als Gegenmaßnahme ist zu prüfen, ob sich für die einzelnen FFS eines FFS-Verbundes Teilgruppen mit eigenverantwortlich zu erfüllenden Gruppenaufgaben bilden lassen.

Im vorangegangenen Kapitel wurden Grundmuster zur FFS-einsatztypspezifischen Gestaltung der Arbeitsorganisation entwickelt und spezielle Hinweise für notwendige Anpassungsmaßnahmen erläutert. Im folgenden wird aufgezeigt, wie Betriebsplanerinnen und -planer bei der Anwendung der Orientierungs- und Gestaltungshilfe vorgehen sollten. Die notwendigen Arbeitsschritte zur umfassenden pro- und retrospektiven Nutzung des Instrumentariums und deren Ergebnisse sind im Bild 31 wiedergegeben. Durch diese Vorgehensweise und die auch nutzerorientierte Gliederung der Arbeit, ist es für die FFS-Betreiber mit nur geringem Aufwand möglich, zielgerichtet die für sie gültigen Gestaltungsvorschläge zu ermitteln. Die ausführliche Erläuterung der einzelnen Arbeitsschritte erfolgt analog zu dem im Kapitel 7 vorgestellten Praxisbeispiel.

Bei der Projektierung eines FFS ist die Gestaltungs- und Orientierungshilfe bereits für die Entwicklung der FFS-Einsatzstrategie und der Grobkonzeption heranzuziehen. Dadurch werden frühzeitig die FFS-einsatztypspezifischen Gestaltungspotentiale und -restriktionen bewußt. Diese können dann anhand FFS-einsatzfallspezifisch definierter Bewertungsgrößen und -maßstäbe kritisch diskutiert werden. Organisatorische und personalseitige Fehlentwicklungen lassen sich so von Beginn an vermeiden. Damit wird ein wichtiger Grundstein für einen wirtschaftlichen FFS-Einsatz gelegt.

Soll für einen realisierten FFS-Einsatzfall die aktuelle Arbeitsorganisations- und Personaleinsatzlösung überprüft werden, dann ist die Abarbeitung aller Arbeitsschritte bis zum einsatzfallspezifischen Gestaltungsvorschlag bzw. bis zur modifizierten Gestaltungslösung ebenfalls erforderlich. Der Soll-Ist-Vergleich zeigt dann die Reorganisationserfordernisse und -potentiale auf.

Vor dem Vergleich eines realisierten oder konzipierten FFS-Einsatzfalles mit anderen FFS-Einsatzfällen im eigenen oder in fremden Unternehmen ist es sinnvoll, im Vorfeld zu überprüfen, ob tatsächlich eine Vergleichbarkeit gegeben und damit eine Übernahme von Erfahrungen gerechtfertigt ist. Bei FFS-Einsatzfällen in Fremdunternehmen ist es in der Regel über Referenzen und Rückfragen möglich, die Ausgangsdaten zur Bestimmung der FFS-einsatzfallspezifischen Merkmalsausprägungen vorab zu erheben. Wie die Interviews mit FFS-Anwendern ergaben, besteht generell die Gefahr, daß das unternehmensspezifische Verharrungsvermögen die Planung und Umsetzung alternativer Formen der Arbeitsorganisation und des Personaleinsatzes unterdrückt oder verhindert. Aus diesem Grund ist es empfehlenswert, die vorgefundenen, scheinbar effizienten Lösungen einem kritischen Vergleich mit den neu entwickelten Vorschlägen zur Arbeitsorganisation und zum Personaleinsatz zu unterziehen.

Arbeitsschritte und Ergebnisse | Arbeitsgrundlagen

Schritt 1 — Erheben der Ausgangsdaten, Bestimmen der FFS-einsatzfallspezifischen Merkmalsausprägungen
← Merkmale:
Kap. 3.3: Bild 7, 8, 10, 11, 12,
Tab. 2, 4, 6, 8, 10

Ergebnis — FFS-einsatzfallspezifische Kombination der Merkmalsausprägungen
← typologisches Grundmuster:
Kap. 3.4: Bild 13

Schritt 2 — Vergleichen der FFS-einsatzfallspezifischen Merkmalsausprägung mit denen der:
- FFS-Einsatztypen I bis V
- extremen FFS-Einsatztypen
- Mischtypen

← FFS-Einsatztypen:
Kap. 4.2: Bild 17, Kap. 4.3: Bild 18
Kap. 4.4: Bild 19, Kap. 4.5: Bild 20
Kap. 4.6: Bild 21
extreme FFS-Einsatztypen:
Kap. 4.4: Bild 19
Mischtypen:
Kap. 4.7: Bild 22, Kap. 4.8: Bild 23
Kap. 4.9: Bild 24

Ergebnis a oder — Identifikation mit einem FFS-Einsatztyp I bis V
← Typbeschreibung:
Anhang 10.3: Tab. 44 bis 48

Ergebnis b oder — Identifikation mit einem FFS-Einsatztyp mit extremer Merkmalsausprägung
← Typbeschreibung:
Anhang 10.3: Tab. 46, Kap. 4.4

Ergebnis c — Identifikation mit zwei FFS-Einsatztypen, d. h. einem Mischtyp
← Typbeschreibung:
Anhang 10.3: Tab. 44 bis 48,
Kap. 4.7 bis 4.9

Schritt 3 — Vergleichen der FFS-Größe mit FFS-einsatztypspezifisch restriktiven Systemgrößen
← restriktive Systemgrößen:
Kap. 5.1.2: Tab. 15

Ergebnis a oder — Identifikation mit nicht restriktiver FFS-Größe
← nicht restriktive Systemgrößen:
Kap. 5.1.2: Tab. 15

Ergebnis b — Identifikation mit restriktiver FFS-Größe
← restriktive Systemgrößen:
Kap. 5.1.2

Schritt 4 — Bestimmung der Anforderungsprofile und Gestaltungsvorschläge in Abhängigkeit von Schritt 2 und 3
← Anforderungskriterien:
Kap. 5.1.3
Gestaltungsgrößen und -prinzipien:
Kap. 5.1.1

Ergebnis a oder — FFS-einsatztypspezifische Gestaltungsvorschläge
← Gestaltungsvorschläge:
Kap. 5.2 bis 5.6

Ergebnis b oder — modifizierte FFS-einsatztypspezifische Gestaltungsvorschläge wegen restriktiver FFS-Größe
← Modifizierungshinweise:
Kap. 5.9

Ergebnis c oder — modifizierte FFS-einsatztypspezifische Gestaltungsvorschläge wegen extremer Merkmalsausprägung oder Mischtyp
← Modifizierungshinweise:
Kap. 5.7 und 5.8

Ergebnis d — modifizierte FFS-einsatztypspezifische Gestaltungsvorschläge wegen restriktiver FFS-Größe und extremer Merkmalsausprägung oder Mischtyp
← Modifizierungshinweise:
Kap. 5.7 bis 5.9

Bild 31: Vorgehensweise beim Einsatz der Entscheidungs- und Orientierungshilfe

7 Exemplarische Anwendung des Instrumentariums - Fallbeispiel

Zum exemplarischen Nachweis ihrer Praktikabilität wurde die Gestaltungs- und Orientierungshilfe bei der Überprüfung mehrerer situativ erfaßter Lösungen der Arbeitsorganisation und des Personaleinsatzes für ein FFS-Verbundsystem bei einem österreichischen Großunternehmen der Automobilzulieferindustrie eingesetzt /28, 127/. Im folgenden wird das Praxisbeispiel kurz vorgestellt (s. Bild 32).

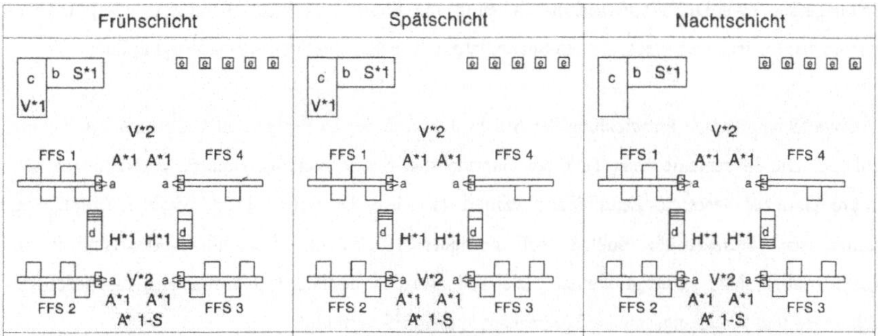

Frühschicht

		FFS 1+4	FFS 2+3	ges.
System-führer	S*	0,5	0,5	1
Vorarbeiter	V*	1,5	1,5	3
Aufspanner	A*	2	2	4
Springer	A*-S	-	1	1
Hilfskraft	H*	1	1	2
Personalstärke gesamt				11

Spätschicht

	FFS 1+4	FFS 2+3	ges.
S*	0,5	0,5	1
V*	1,5	1,5	3
A*	2	2	4
A*-S	-	1	1
H*	1	1	2
Personalstärke gesamt			11

Nachtschicht

	FFS 1+4	FFS 2+3	ges.
S*	0,5	0,5	1
V*	1	1	3
A*	2	2	4
A*-S	-	1	1
H*	1	1	2
Personalstärke gesamt			10

Legende:
a Werkstückspannplatz
b Leitstand
c Werkzeugvoreinstellraum
d Durchlaufwaschmaschine mit Abpreß-becken
e Meßautomat

Bild 32: Arbeitsorganisations- und Personaleinsatzlösung L 1

Im Jahr 1989 schloß das Unternehmen mit einem Kunden einen Rahmenvertrag zur mehrjährigen Fertigung von Allrad-Getriebekomponenten mit vorerst angenommenen 350 Stück pro Werkstück und Tag ab /128/. Aufgrund vielfältiger strategischer Überlegungen und der Kostenvergleichsrechnung unter Beachtung der Systemausbringung sowie des Investitionsbedarfes für Einzel-BAZ oder FFS entschied sich das Unternehmen für die Investition in zwei Einzel-FFS mit jeweils 4 BAZ /129, 130/. Aufgrund neuer Projekte wurde eine kapazitive Auslastung von zwei weiteren derartigen Einzel-FFS prognostiziert. Während der Aufbauphase 1992 waren auftragsbedingt die Stückzahlen so stark rückläufig, daß drei geplante BAZ nicht gekauft wurden /131/. Der FFS-Verbund besteht somit aus drei FFS zu je vier BAZ

(FFS 1 - 3) und einem vierten, unvollständigen FFS 4 mit nur einem BAZ (Palettenabmessung 630 x 630 mm) (Bild 32).

Die Werkzeugspeicher der Maschinen sind mit jeweils 120 Plätzen großzügig ausgelegt. Die systeminternen Werkstücktransportsysteme umfassen pro FFS 14 Palettenabstellplätze und zwei Spannplätze (a). Jeweils zwei der FFS steuert ein zentraler Leitrechner, welcher im Leitstand (b) über dem Raum zur Werkzeuglagerung und -voreinstellung (c) installiert ist. Alle FFS sind räumlich zusammengefaßt. Zwei Durchlaufwaschmaschinen (d) mit Abpreßbecken zur Dichtheitsprüfung und fünf Meßautomaten (e) ergänzen diese. Zu den Spannplätzen (a) gehört jeweils ein Handentgratplatz.

Die unerwartet ungünstige Entwicklung der Stückzahlabrufe der zu fertigenden Garnituren (A-E) zeigt das Bild 33. Die 24 verschiedenen Teile der Garnituren A-E sind montagesynchron zu bearbeiten. Der dafür pro Garnitur benötigte Zeitaufwand variiert zwischen 27, 6 und 110,0 Minuten. Infolge der kontinuierlichen Lieferabrufe sollten bei normaler Auslastung fast alle Teile täglich im stückzahlvariablen Mix gefertigt werden. Die Teile wurden deshalb fest aufgeplant, die benötigten Vorrichtungen und Werkzeugsätze sind permanent in den FFS verfügbar.

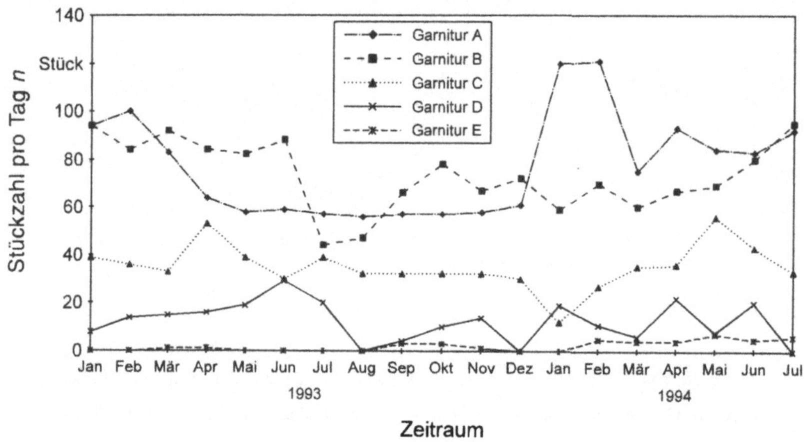

Bild 33: Durchschnittliche Anzahl der pro Tag gefertigten Garnituren A-E

Obwohl zum Fallbeispiel weitere und detailliertere Daten zur Verfügung stehen, lassen sich bereits mit den oben dokumentierten Angaben die FFS-einsatzfallspezifischen Merkmalsausprägungen bestimmen (Bild 34). Der schrittweise Vergleich der Kombination der Merkmalsausprägungen des Fallbeispieles mit denen der FFS-Einsatztypen I bis V ergibt eine eindeutige Zuordenbarkeit zum FFS-Einsatztyp II.

MERKMAL	MERKMALSAUSPRÄGUNG			
A Kundenauftrag	A.a Bestellung inner- halb von Rahmen- aufträgen	A.b Bestellung mittels Einzelaufträgen	---	---
B Fertigungsauftrag	B.a Fertigung auf Bestel- lung innerhalb von Rahmenaufträgen	B.b Fertigung auf Bestellung mittels Einzelaufträgen	---	---
C Fertigungsart	C.a Großserienfertigung	C.b Serienfertigung	C.c Einzel- und Klein- serienfertigung	C.d Einmalfertigung
D Mengenabhängigkeit	D.a Umfassende Mengenabhängig- keit	D.b Eingeschränkte Mengenabhängig- keit	D.c Keine Mengenabhängig- keit	---
E Werkstückgröße	E.a Kleinteile	E.b Großteile	---	---

Legende: $\boxed{X.x}$ Merkmalsausprägung des FFS-Einsatztyps
        ---   keine weitere Merkmalsausprägung

Bild 34: Dokumentation des FFS-Einsatzfalles im typologischen Grundmuster

Das bedeutet, daß die Modifizierung infolge Typverschiebung (vgl. Kap. 5.7 und 5.8) entfällt und sofort der FFS-Größenvergleich vorgenommen werden kann. Die ideale FFS-Größe liegt beim FFS-Einsatztyp II im Bereich von 8 - 14 Bearbeitungsmaschinen. Die Größe des FFS-Verbundes stellt mit 13 Bearbeitungszentren keine Restriktion dar. Der Gestaltungsvorschlag zur Arbeitsorganisation und zum Personaleinsatz für den FFS-Einsatztyp II bedarf folglich keiner größenbedingten Modifikation. Das heißt, es kann direkt auf die Ausführungen im Kapitel 5.3 zurückgegriffen werden.

Im Rahmen des Praxisbeispieles ergab sich aufgrund der seit 1993 unerwartet stark schwankenden und insgesamt zu geringen Kapazitätsauslastung des FFS-Verbundes folgende weiterführende Untersuchungsaufgabe. Ausgehend von der ursprünglich für den FFS-Verantworungsbereich konzipierten Arbeits- und Personaleinsatzlösung wurden allein im Untersuchungszeitraum sechs grundlegende Änderungen durch den verantwortlichen Meister und Bereichsleiter veranlaßt (vgl. Anhang 10.10, Bild 37 bis 39).

In diesem Zusammenhang galt es zu klären:

- ob die ursprünglich konzipierte Lösung L 1 für eine normale Kapazitätsauslastung prinzipiell geeignet ist,
- welche der realisierten Lösungen L 1 bis L 6 die effizienteste ist,
- ob aktuelle Reorganisationsbedarfe bestehen,
- wie auf einen etwaigen weiteren Auslastungsrückgang flexibel reagiert werden kann.

Das Bild 32 zeigt die ursprüngliche Arbeits- und Personaleinsatzlösung L 1. Infolge des hohen Spannaufwandes kam je FFS ein Aufspanner A* und zwischen den FFS 2 und 3 zusätzlich ein Springer zur bedarfsweisen Unterstützung des besonders aufwandsintensiven Spannens und stichprobenhaften Prüfens der Werkstücke zum Einsatz. Pro Schicht trug jeweils ein Vorarbeiter V* 2 die Hauptverantwortung für die Werkzeugversorgung und Prozeßsicherheit von zwei sich gegenüberliegenden FFS (FFS 1 + 4, FFS 2 + 3). In der Früh- und Spätschicht unterstützte sie ein anderer Vorarbeiter V* 1 bei der Voreinstellung der Werkzeuge. Im Sinne der job rotation wechselten alle Vorarbeiter V* wöchentlich ihren Arbeitsaufgabenschwerpunkt. Zwei angelernte Hilfskräfte H* sorgten für das Entgraten, Beschicken der Waschmaschinen, Prüfen der Dichtheit und den bereichsinternen Gebindetransport. Die Systemführer S* waren dreischichtig anwesend. Zur Verbesserung ihrer zeitlichen Auslastung, insbesondere in der Nachtschicht, sollten sie bei der Werkzeugversorgung helfen.

Die detaillierte Analyse der weiteren fünf im FFS-Verwortungsbereich umgesetzen Arbeits- und Personaleinsatzlösungen L 2 bis L 6 ergab, daß schrittweise Rationalisierungspotentiale erschlossen wurden (Bild 35) (vgl. Anhang 10.10). Der Nutzungsgrad N_{GS} des FFS-Verbundes wird unternehmensintern in Anlehnung an die VDI-Richtlinie 3423 /46/ ermittelt. Die Grundlage bildet die strenge Definition der Belegungszeit, d. h. die in der Investitionsplanung zugrunde gelegte, dreischichtige Soll-Belegungszeit $T_{BS-Soll}$ und nicht die auslastungsabhängige Ist-Belegungszeit T_{BS-Ist}. Die Nutzungszeit T_{NS} beruht auf der mittels MDE erfaßten Programmlaufzeit der Bearbeitungszentren. Die Zeit für den maschineninternen Palettenwechsel wird als Korrekturfaktor (p = 5%) addiert:

$$N_{GS} = \frac{T_{NS}}{T_{BS-Soll}} \times 100\% + p \qquad (2)$$

Die Detailuntersuchung der Ausfallursachen ergab, daß die Ausfallzeiten die nicht durch fehlende Aufträge verursacht wurden, verhältnismäßig gering waren. Vereinfachend ist deshalb der Nutzungsgrad des FFS-Verbundes N_{GS} als Ausdruck der kapazitiven Auslastung verwendbar (vgl. Anhang 10.10, Bild 36).

Aufgrund der immer schlechter werdenden Auftragslage und damit verbundenem Rückgang des Nutzungsgrades N_{GS} ging die Summe der Kosten pro Tag durch erste Rationalisierungsansätze zurück. Die Summe der Kosten pro Tag und prozentualem Nutzungsgrad stieg aber bis einschließlich Lösung L 3. Erst ab Lösung L 4 gelang es, die nutzungsgradbezogenen Kosten und somit die Fertigungskosten pro Teil zu reduzieren. Die effizienteste Arbeitsorganisations- und Personaleinsatzlösung ist folglich die Lösung L 6. Mit der Lösung L 4 begann das Unternehmen konsequent die Personalstärke an die aktuelle kapazitive Auslastung des FFS-Verbundes anzupassen und damit die personelle Anspannung zu erhöhen. Gleichzeitig wurde damit eine dem FFS-Einsatztyp II adäquate Arbeitsorganisations- und Personaleinsatzlösung initiiert. Die Abarbeitung der garniturbezogenen Stückzahlabrufe konzentrierte sich auf die Früh- und Spätschicht. Die Nachtschicht entfiel oder entsprach nur noch einer Rumpfnutzung, in welcher die formale Arbeitsteiligkeit zwischen den Aufspannern A* und Vorarbeitern V* infolge der geringen Mitarbeiteranzahl zwangsweise aufgehoben wurde. In den anderen Schichten konnte das ideale Gestaltungskonzept des FFS-Einsatztyps II zum Tragen kommen.

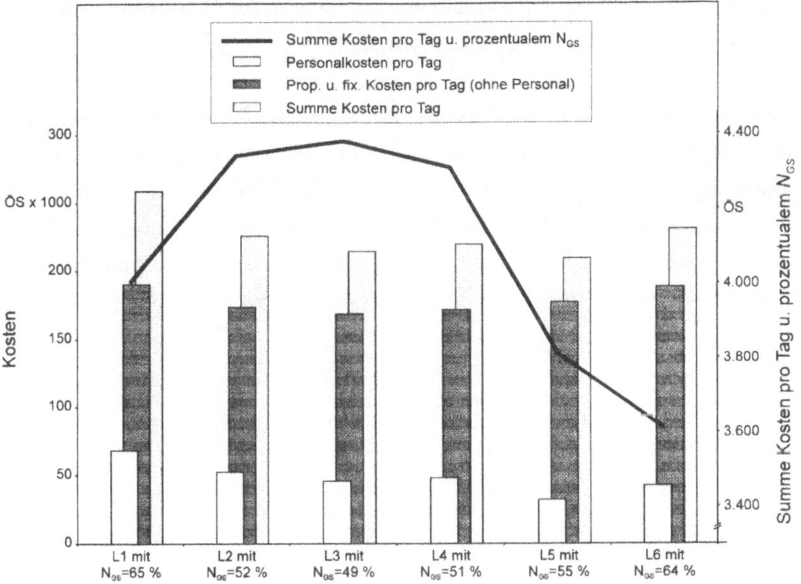

Bild 35: Wirtschaftlichkeit der Arbeitsorganisations- und Personaleinsatzlösungen L 1 bis L 6

Analog zu den zum FFS-Einsatztyp II entwickelten Gestaltungsvorschlägen hat das Unternehmen mit der Aufteilung des Personals in die Beschäftigtengruppen:

- Systemführer S*,
- Vorarbeiter V*,
- Aufspanner A* und
- Hilfskraft H*

sehr gute Erfahrungen gesammelt. Insbesondere der Einsatz von Springern A*-S innerhalb der Beschäftigtengruppe Aufspanner A* hat sich vor allem bei wechselnder Auftragslage und somit schwankender Kapazitätsauslastung als vorteilhaft erwiesen. Dadurch konnten u. a. kurzzeitige Ausfälle einzelner MA besser überbrückt und somit Ausfallzeiten minimiert werden. Die in der Arbeit vorgeschlagenen job rotations wurden für gut befunden und umgesetzt.

Zur Klärung der Frage, wie auf weitere kapazitive Auslastungsrückgänge reagiert werden kann, wurde der dargestellte Ansatz weiterführend diskutiert. Die leitungsseitigen Anstrengungen sollten sich im Bedarfsfall darauf konzentrieren, zwei bzw. wenigstens eine Schicht mit einer für das ideale Gestaltungskonzept ausreichenden Personalstärke einzurichten und nur, falls unumgänglich, eine Rumpfschicht in der Nachtschicht bzw. Spätschicht vorzusehen.

Zusammenfassend ist bezüglich der exemplarischen Anwendung der Orientierungs- und Entscheidungshilfe festzustellen, daß mit geringem Zeit- und Personalaufwand konkrete Vorschläge für die Umgestaltung der Arbeitsorganisation und des Personaleinsatzes für einen FFS-Verantwortungsbereich ermittelt werden konnten. Gesamthaft wurden die Vorschläge hinsichtlich ihrer Gesamteffizienz vom Unternehmen als wertvolle und umzusetzende Anregungen für Reorganisationsmaßnahmen beurteilt.

8 Zusammenfassung und Ausblick

Die meisten Unternehmen erwarten sich durch den Einsatz von FFS eine Erhöhung der Flexibilität und eine bessere Nutzung der Maschinen. Weiterhin sehen sie durch die Verwendung dieser Technologie eine Chance, effizientere Personaleinsatzmöglichkeiten, wie z. B. Gruppenarbeit mit weniger internen Widerständen umzusetzen. In der Praxis ist jedoch häufig zu beobachten, daß effizente Formen der Arbeitsorganisation und des Personaleinsatzes aufgrund fehlender Orientierungs- und Entscheidungshilfen nicht oder nur ansatzweise verwirklicht werden und dadurch die organisatorischen Ausfallraten bis zu 24% betragen /1/. Auf vorhandene Gestaltungshilfen können FFS-Anwender kaum zurückgreifen, weil diese meist:

- zu allgemein, abstrakt und idealisierend oder
- zu FFS-einsatzfallspezifisch ausgelegt sind,
- auf einer nur bedingt sinnfälligen, vergleichbaren und aktuellen Datenbasis beruhen und
- eine Selbstidentifikation des FFS-Anwenders zur Zuordnung zu vergleichbaren, typischen Erscheinungsformen nicht unterstützen.

Vor diesem Hintergrund war es Ziel der vorliegenden Arbeit, für betriebliche Organisationsplaner und -planerinnen eine reproduzierbare und praktikable Orientierungs- und Entscheidungshilfe zur systematischen Ermittlung anforderungsgerechter Arbeitsorganisationslösungen für FFS-Verantwortungsbereiche zu entwickeln. Der Geltungsbereich für den Einsatz des Instrumentariums beschränkt sich auf FFS-Einsatzfälle, die primär der spanenden Bearbeitung metallischer Werkstoffe mittels zahlenmäßig im FFS dominierender Bearbeitungszentren dienen und daraus ihre wirtschaftliche Existenz begründen. Davon ausgenommen sind FFS-Einsatzfälle, die der Erfüllung von Aufträgen aus speziellen Marktsegmenten mit atypischen Kundenverhalten dienen (z. B. Rüstungsindustrie). Die Gestaltungsvorschläge und -hinweise gelten für den Normalbetrieb, d. h. Erprobungs- und Einlaufphasen sind ausgeklammert.

Die Voraussetzung für die Lösung dieser Aufgabenstellung bildete die Entwicklung einer FFS-Einsatztypologie. Durch die sachlogische Kombination der dafür definierten Merkmalsausprägungen wurden fünf FFS-Einsatztypen mit jeweils verschiedenen Anforderungen an die Systemarbeitsaufgabe hergeleitet. Unter Verwendung der im Rahmen der schriftlichen und mündlichen Befragung gewonnen Daten zu 78 FFS-Einsatzfällen erfolgte deren Überprüfung auf Gültigkeit. Dabei wurde nachgewiesen, daß diese tatsächlich typische Erscheinungsformen des FFS-Einsatzes in der Praxis repräsentieren. Ausgehend von der Definition FFS-einsatztypneutraler Gestaltungsmerkmale und -prinzipien für die Arbeitsorganisation und den Personaleinsatz ließen sich die nicht restriktiven Systemgrößen und die FFS-einsatztypspezifischen Anforderungsprofile bestimmen.

Für jeden FFS-Einsatztyp wurden dementsprechend die Vorschläge zu den Gestaltungsgrößen:

- schichtartdifferenzierter FFS-Einsatz,
- Auslegung des FFS-Verantwortungsbereiches,
- Arbeitsorganisation und
- Personaleinsatz

erfahrungsbasiert erarbeitet. Aus Gründen eines für den betrieblichen Nutzer rationellen Zugriffes auf die für ihn zutreffenden FFS-einsatztypspezifischen Gestaltungsvorschläge wurden diese in autonomen, jedoch inhaltlich und formal gleichartig strukturierten Kapiteln zusammengefaßt. Praxisorientierte Hinweise für die Modifizierung dieser Gestaltungsvorschläge bei Mischtypen und FFS-Einsatztypen mit extremen Merkmalsausprägungen oder mit restriktiven Systemgrößen schließen sich daran an. Empfehlungen zum Einsatz der Orientierungs- und Entscheidungshilfe ergänzen den gestalterischen Teil der Arbeit. Die Praktikabilität des Instrumentariums konnte bei der exemplarischen Anwendung für den FFS-Verbund des FFS-Einsatztyps II bei einem Automobilzulieferer nachgewiesen werden. Für diesen wurde durch den Einsatz der Orientierungs- und Entscheidungshilfe ein auslastungsabhängiges, wirtschaftlich begründetes Reorganisationskonzept erarbeitet. Dieses Konzept wurde mit dem FFS-Anwender diskutiert und vollinhaltlich bestätigt.

Mit der vorliegenden Arbeit konnte somit ein wesentlicher, wissenschaftlicher Beitrag zur systematischen, retro- und prospektiven Gestaltung der Arbeitsorganisation für FFS-Verantwortungsbereiche geleistet werden. Zugleich wurde damit eine, wie in den Expertengesprächen mit FFS-Anwendern und -Herstellern oft geforderte Orientierungs- und Entscheidungshilfe bereitgestellt.

Mögliche weitere Schritte sollten sich, ausgehend von der entwickelten Typologie zur Beschreibung des FFS-Einsatzes, schwerpunktmäßig mit den unberücksichtigt gebliebenen oder nur partiell betrachteten Aspekten wie:

- Detaillierung der Personalstärken,
- Layout- und Arbeitsplatzgestaltung sowie
- Entwicklung von Leistungskennziffern und Entgeltformen

befassen. Hinsichtlich der FFS-einsatztypspezifischen Gestaltungvorschläge zur Arbeitsorganisation könnte eine Erweiterung der Entscheidungs- und Gestaltungshilfe für die Einführungs- und Einlaufphase von FFS vorgenommen werden. Eine weitere Ergänzung der vorliegenden Arbeit für verfahrensbedingt andere FFS-Einsätze, wie z. B. für die spanlose Umformung, wäre ebenfalls sinnvoll.

9   Literaturverzeichnis

/1/   Hammer, H.: Verfügbarkeitsanalyse von flexiblen Fertigungssystemen.
        In: Fertigungstechnisches Kolloquium FTK´91: 1. - 2. Oktober 1991, Stuttgart/
        Berlin u. a.: Springer, 1991, S. 59-67.

/2/   Hammer, H.: Flexible Fertigungssysteme im Lean-Trend.
        In: wt Produktion und Management 84 (1994) Nr. 3, S. 85-90.

/3/   Fili, W.: Blick aufs Ganze - Werkzeugmaschinen: neue Konzepte gefragt.
        In: Industrie-Anzeiger 117 (1995) Nr. 12, S. 10-13.

/4/   Hallwachs, U.: EDV-gestützte Planungs- und Entscheidungshilfen zur Auslegung von Produk-
        tionsstrukturen mit strukturkostenoptimierten Dezentralen Verantwortungsbereichen.
        Berlin u. a.: Springer, 1992.
        Zugl. Stuttgart, Universität, Diss., 1992.

/5/   Flexible Fertigungsorganisation am Beispiel von Fertigungsinseln: AWF-Fachtagung, 6. - 7. Juni
        1984 in Bad Soden/
        Hrsg. von AWF.
        Eschorn: AWF, 1984.

/6/   Hausknecht, M.: Basistypen flexibler Automation: Ergebnisse einer Analyse von 30 flexiblen
        Fertigungssystemen.
        In: VDI-Z 130 (1988) Nr. 12, S. 30-35.

/7/   Wirth, S.; Förster, A.; Helbig, K.: Definition von Fertigungssystemen unter Beachtung
        zukünftiger CIM-Betriebsstrukturen.
        In: Fertigungstechnik und Betrieb 38 (1988) Nr. 7, S. 420-425.

/8/   Hammer, H.: Einsatz von flexiblen Fertigungssystemen zur taktfreien Großserienfertigung.
        In: Werkstatt und Betrieb 124 (1991) Nr. 10, S. 817-821.

/9/   Ulrich, P.; Scheibner, H.; Hirsch, G. u. a.: Erzeugnisse für flexibel automatisierte Fertigungen:
        Termini, Definitionen, Bezeichnungen.
        In: Fertigungstechnik und Betrieb 38 (1988) Nr. 6, S. 354-357.

/10/   Heisel, U.: Marktakzeptanz bei der Fertigungsflexibilisierung.
        In: Fertigungstechnisches Kolloquium FTK´88: 5. - 6. Oktober 1988, Stuttgart/
        Berlin u. a.: Springer, 1988, S. 86-94.

/11/   Hammer, H.: Planung und Realisierung komplexer Fertigungsverbundsysteme:
        Anwendungsbeispiele.
        In: Fertigungstechnik und Betrieb 40 (1990) Nr. 4, S. 204-207.

/12/ Hinz, S.; Niederhoff, L.: Problemstellungen bei der Vorbereitung eines flexiblen
Fertigungsverbundsystems.
In: Auf dem Weg zur automatisierten rechnerintegrierten Produktion: 12. Projektierungs-
kolloquium der Betriebs- und Arbeitsgestaltung, 30. - 31. August 1989, Magdeburg/
Magdeburg, 1989, S. 198-202.

/13/ Nitzsche, M.: Entwicklung von Entscheidungshilfen zur Gestaltung der NC-Organisation bei
Einsatz von CNC-Einzelmaschinensystemen unter besonderer Berücksichtigung der Arbeits-
teilung.
Aachen, Techn. Hochschule, Diss., 1987.

/14/ Stephan, S.: Flexible Fertigungssysteme mit Großseriencharakter: Ergebnisse einer
Anwenderbefragung.
In: Kundenorientierte Produktion - Wettbewerbsfaktor Arbeitsorganisation: IAO-Forum, Mai
1993, Stuttgart; Fraunhofer-Institut f. Arbeitswirtschaft und Organisation, 1993, S. 173-198.

/15/ Berger, H.; Wolf, H. F.: Handbuch der soziologischen Forschung.
Berlin: Akademie Verlag Berlin, 1989.

/16/ Scheidegger, R.; Wiegershaus, U.; Schönheit, M. u. a.: Planung flexibler Produktionssysteme:
Schwankende Konjunkturverläufe als Hintergrund.
In: VDI-Z 134 (1992) Nr. 6, S. 40-43.

/17/ Hirt, K.; Reineke, B.; Sudkamp, J.: Einsatzbedingungen von flexiblen Fertigungssystemen.
In: VDI-Z 133 (1991) Nr. 1, S. 41-44.

/18/ Dörken, T. P.; Melchert, M.; Skudelny, C.: Flexible Fertigung: Fachgebiete in Jahresübersichten
In: VDI-Z 134 (1992) Nr. 7/8, S. 58-76.

/19/ Dörken, T. P.; Skudelny, C.: Flexible Fertigung: Fachgebiete in Jahresübersichten.
In: VDI-Z 135 (1993) Nr. 9, S. 57-71.

/20/ Breit, S.; Dörken T. P.; Laufenberg, L: Flexible Fertigung : Fachgebiete in Jahresübersichten.
In: VDI-Z 136 (1994) Nr. 9, S. 40-57.

/21/ Viehweger, B.; Schuster, J.: Montagefertige Zylinderköpfe auf flexiblen Fertigungssystemen
herstellen.
In: Werkstatt und Betrieb 122 (1989) Nr. 8, S. 657-660.

/22/ Hammer, H.: Fest statt wahlfrei zugeordnete Bearbeitungsfolgen im flexiben Fertigungssystem.
In: Werkstatt und Betrieb 124 (1991) Nr. 12, S. 951-953.

/23/ Kohlhase, M.: Große Gußstücke flexibel bearbeiten.
In: Werkstatt und Betrieb 122 (1989) Nr. 8, S. 651-655.

/24/ Binder, R.: Flexible Fertigungssysteme für die Bearbeitung großer Werkstücke.
In: Werkstatt und Betrieb 121 (1988) Nr. 9, S. 721-724.

/25/ Merkel, P.: Verkettete Großbearbeitungszentren.
In: Industrie-Anzeiger 113 (1991) Nr. 93, S. 58-60.

/26/ Flexible Fertigungssysteme im Flugzeugbau.
In: Werkstatt und Betrieb 127 (1994) Nr. 3, S. 117-118.

/27/ Heisel, U.; Stephan, S.: Nutzungsgrade flexibler Fertigungssysteme.
In: wt Produktion und Mangement 83 (1993) Nr. 4, S. 66-69.

/28/ Heisel, U.; Stephan, S.; Gugenberger, G.: Kapazitive Auslastung von FFS.
In: Z. f. wirtschaftl. Fertigung u. Automatisierung 89 (1994) Nr. 9, S. 453-456.

/29/ Thole, P.: Entwicklungstendenzen bei flexiblen Fertigungssystemen.
In: Z. f. wirtschaftl. Fertigung u. Automatisierung 81 (1986) Nr. 8, S. 431-434.

/30/ Banaszak, W.; Biewald, R.: Werkstattgerechte Umfeldorganisation und Toolmanagement für wirtschaftliches Fertigen.
In: Werkstatt und Betrieb 128 (1995) Nr. 5, S. 394-399.

/31/ Hirt, K.; Reineke, B.; Sudkamp, J.: Einsatz von Flexiblen Fertigungssystemen (FFS): Bestandsaufnahme.
In: Sonderdruck (1989) Nr. 2, Forschungsinstitut für Rationalisierung Aachen.

/32/ Hammer, H.: Unterschiedliche Konfigurationen installierter flexibler Fertigungssysteme belegen Wirtschaftlichkeit.
In: Werkstatt und Betrieb 124 (1991) Nr. 6, S. 433-437.

/33/ Ingersoll Engineers: Flexible Fertigungssysteme.
Berlin u. a.: Springer, 1983.

/34/ Hermann, P.; Pferdmengen, R.: Flexible Fertigungskonzepte: Fachgebiete in Jahresübersichten.
In: VDI-Z 122 (1980) Nr. 15/16, S. 667-676.

/35/ Steinhilper, R.: Flexible Fertigungssysteme im In- und Ausland (1).
In: tz für Metallbearbeitung 77 (1983) Nr. 1, S. 15-22.

/36/ Kiesewetter, S.; Dörken, T. P.; Melchert, M. u. a.: Flexible Fertigung: Fachgebiete in Jahresübersichten.
In: VDI-Z 133 (1991) Nr. 8, S. 58-75.

/37/ Hille, A.; Jorissen, H. D.; Malle, K. u. a.: Metav 92: Produktionstechnische Leistungsschau in schwieriger Zeit.
In: VDI-Z 134 (1992) Nr. 7/8, S. 14-35.

/38/ Viehweger, B.: Flexibel Fertigen: Werkzeugmaschinen und Computer bilden CIM-Bausteine.
In: CIM-Praxis 15 (1988) Nr. 4, S. 24-28.

/39/   Dörken, T. P.; Skudelny, C.: Flexible Fertigung: Fachgebiete in Jahresübersichten.
         In: VDI-Z 135 (1993) Nr. 10, S. 52-58.

/40/   Viehweger, B.; Schütt, J. M.; Wiegershaus, U.: Flexible Fertigungssysteme: Erfahrungen bei der
         Planung und Realisierung.
         In: Industrie-Anzeiger 111 (1989) Nr. 46, S. 30-33.

/41/   FFS in der Praxis: Anwender Symposium, 1 - 2. Dezember 1988. Berlin: Werner und Kolb.
         Werner und Kolb, 1988.

/42/   Eversheim, W.; Schmitz-Mertens, H.-J.; Wiegershaus, U.: Organisatorische Integration flexibler
         Fertigungssysteme in konventionelle Werkstattstrukturen.
         In: VDI-Z 131 (1989) Nr. 8, S. 74-78.

/43/   Kiesewetter, S. A.; Dobberstein, M.: Oft nur mangelhaft eingebunden: Flexible Produktions-
         systeme in kleinen und mittleren Unternehmen umgebungsgerecht integrieren.
         In: Maschinenmarkt 97 (1991) Nr. 47, S. 48-52.

/44/   Schmitz-Mertens, H. J.: Entwicklung eines Steuerungskonzepts für Systeme mit heterogener
         Fertigungsstruktur.
         Aachen, Techn. Universität, Diss., 1988.

/45/   Wiegershaus, U.: Entwicklung einer Methode zur Synchronisation heterogener Fertigungs-
         strukturen in der Einzel- und Kleinserienfertigung.
         Aachen, Techn. Universität, Diss., 1990.

/46/   VDI-Richtlinie 3423. 09. 91. Auslastungsermittlung für Maschinen und Anlagen.

/47/   Shah, R.: Flexible Fertigungssysteme in Europa: Erfahrungen der Anwender.
         In: VDI-Z 129 (1987) Nr. 10, S. 13-21.

/48/   Shah, R.: Flexible Fertigungssysteme in Europa: Erfahrungen der Anwender.
         In: VDI-Z 133 (1991) Nr. 6, S. 16-30.

/49/   Büdenbeder, W.; Scheller, T.: Flexible Fertigungssysteme in der Praxis: Untersuchung des
         Betriebsverhaltens.
         In: VDI-Z 129 (1987) Nr. 10, S. 22-28.

/50/   Hammer, H.: Nutzungsgrad flexibler Fertigungssysteme abhängig vom Bedien- und Service-
         personal.
         In: Werkstatt und Betrieb 125 (1992) Nr. 5, S. 323-327.

/51/   Heisel, U.; Hammer, H.: Influences on the Availability of Flexible Manufacturing Systems.
         In: Ann. of the CIRP Vol. 41/1/1992, S. 459-462.

/52/   FhG-ISI, IAB, IWF: Der Einsatz Flexibler Fertigungssysteme: technische, einführungs-
         organisatorische, wirtschaftliche und arbeitsplatzbezogene Aspekte.
         Forschungsbericht KfK-PFT 41, Karlsruhe 1982.

/53/   Rempp, H.: Einsatz flexibler Fertigungssysteme: Technische, einführungsorganisatorische,
        wirtschaftliche und arbeitsplatzbezogene Aspekte.
        In: Werkstatt und Betrieb 115 (1982) Nr. 3, S. 175-182.

/54/   Dostal, W.; Kamp, A.-W.; Lahner, M. u. a.: Flexible Fertigungssysteme und Arbeitsplatz-
        strukturen.
        In: Mitteilungen zur Arbeitsmarkt- und Berufsforschung 15 (1982) Nr. 2, S. 182-191.

/55/   Schultz-Wild, R.: Flexible Fertigungsstrukturen und ihre Einsatzstrukturen: ein Diskussions-
        überblick.
        In: Burkart, L; Schultz-Wild, R.: Flexible Fertigungssysteme und Personalwirtschaft.
        Frankfurt am M. u. a.: Campus, 1982, S. 103-123.

/56/   Fix-Sterz, J.; Lay, G.; Schultz-Wild: Flexible Fertigungssysteme und Fertigungszellen: Stand
        und Entwicklungstendenzen in der Bundesrepublik Deutschland.
        In: VDI-Z 128 (1986) Nr. 11, S. 369-379.

/57/   Lay, G.: Flexible Fertigungsinseln: Wege aus der Sackgasse der Arbeitsteilung.
        In: Technische Rundschau 78 (1986) Nr. 34, S. 12-17.

/58/   Hempel, K.; Israel, D.; Merkel, T. u.a.: Arbeitswissenschaftliche Querschnittsanalysen in
        Flexiblen Fertigungssystemen (FMS).
        Ergebnisbericht Techn. Universität Chemnitz, WB Arbeitswissenschaft, Chemnitz 1991.

/59/   Böger, S.; Risch, W.: Arbeitswissenschaftliche Zielstellungen und ihre Realisierung bei der
        Umgestaltung von Betrieben der neuen Bundesländer unter den Bedingungen der Markt-
        wirtschaft.
        In: Arbeitswissenschaftliche Einflußnahme auf die Reorganisation und Rekonstruierung
        ostdeutscher Maschinenbaubetriebe: CIM-Schriftenreihe der Technischen Universität
        Chemnitz, 1991, S. 5-57.

/60/   Hausknecht, M.: Expertensystem zur Konfigurationsplanung Flexibler Fertigungsanlagen.
        Düsseldorf, VDI Verlag, 1989.
        Zugl. Hannover, Universität, Diss., 1989.

/61/   Hirt, K.: PPS beim Einsatz flexibler Fertigungssysteme.
        Berlin u. a.: Springer, 1990.
        Zugl. Aachen, Techn. Universität, Diss. 1990.

/62/   Torke, D.; Werner, F.: Der Beitrag der WAO zur effektiven Gestaltung integrierter
        gegenstandsspezialisierter Fertigungen
        In: Sozialistische Arbeitswissenschaften 27 (1983) Nr. 2, S. 139-145.

/63/   Hinz, S; Trognitz, V.: Erfahrungen bei der Nutzung des Arbeitsvermögens in integrierten
        Fertigungsabschnitten.
        In: Fertigungstechnik und Betrieb 33 (1983) Nr. 8, S. 465-467.

/64/   Hartmann, G.; Zink, J.: Arbeitskräftelösungen für bedienarme Fertigungsabschnitte in der
        Teilefertigung des Maschinenbaus.
        In: Fertigungstechnik und Betrieb 33 (1983) Nr. 9, S. 549-552.

/65/   Plath, H.-E.; Plicht, H.; Torke, D.: Komplexe arbeitswissenschaftliche Referenzlösungen für den
        Einsatz flexibler Maschinensysteme.
        In: Sozialistische Arbeitswissenschaften 31 (1987) Nr. 4, S. 263-273.

/66/   Arbeitswissenschaftliche Gestaltungslösungen in flexiblen automatisierten
        Fertigungssystemen.
        In: Sozialistische Arbeitswissenschaften 31 (1987) Nr. 3, S. 218-223.

/67/   Hartmann, G.; Risch, W.; Zink, J.: Arbeitskräftelösungen für Flexible Fertigungssysteme.
        In: Sozialistische Arbeitswissenschaften 31 (1987) Nr. 2, S. 103-109.

/68/   Flexible Automatisierung: Wissenschaftliche Arbeitsorganisation - Empfehlungen.
        In: Arbeitswissenschaftliche Beiträge des Zentralinstitutes für Arbeit Dresden (1988) Nr. 11.

/69/   Mielke, F.: Arbeitswissenschaftliche Probleme der Teilautomatisierung und Automatisierung in
        der entwickelten sozialistischen Gesellschaft.
        Dresden, Techn. Universität, Habil., 1980.

/70/   Mielke, F.: Der Einfluß der Funktionsteilung Mensch-Arbeitsmittel auf die Nutzung des Arbeits-
        vermögens.
        In: Sozialistische Arbeitswissenschaften 25 (1981) Nr. 2, S. 120-126.

/71/   Näke, J.: Theoretische Ansätze zur Strukturierung von Arbeitstätigkeiten in der automatisierten
        Produktion: dargestellt am Beispiel der Teilefertigung im Maschinenbau.
        Dresden, Techn. Universität, Diss., 1982.

/72/   Hartmann, G.: Zur Projektierung von Arbeitsaufgaben unter den Bedingungen der flexiblen
        Automatisierung in der Teilefertigung.
        Dresden, Techn. Universität, Habil., 1984.

/73/   Weidauer, J.: Projektierung von Arbeitsaufgaben der automatisiertenTeilefertigung des
        Maschinenbaus durch Kombination bewerteter Arbeitsfunktionen.
        Karl-Marx-Stadt, Techn. Hochschule, Diss., 1985.

/74/   Risch, W.: Arbeitswissenschaftliche Grundlagen für die Steuerung flexibler Fertigungssysteme.
        Karl-Marx-Stadt, Techn. Universität, Habil., 1988.

/75/   Hartmann, G.; Werner, F.: Arbeitsgestalterische Bewertung flexibler Fertigungssysteme.
        In: Fertigungstechnik und Betrieb 33 (1983) Nr. 3, S. 167-170.

/76/   Hartmann, G.; Weidauer, J.: Zur Projektierung von Arbeitsaufgaben für die automatisierte
        bedienerarme Produktion im Maschinenbau.
        In: Sozialistische Arbeitswissenschaften 28 (1984) Nr. 2, S. 127-130.

/77/   Zur Projektierung von Arbeitsaufgaben bei der Projektierung integrierter
        Fertigungssysteme.
        In: Sozialistische Arbeitswissenschaften 29 (1985) Nr. 2, S. 116-124.

/78/   Plath, H.-E.; Torke, D.: Zur Gestaltung von Arbeitsaufgaben bei der Projektierung integrierter
        Fertigungssysteme.
        In: Sozialistische Arbeitswissenschaften 29 (1985) Nr. 5, S. 340-350.

/79/   Plicht, H.: Beitrag zur Aufgabenprojektierung in modernen Fertigungssystemen der Teile-
        fertigung der metallverarbeitenden Industrie unter besonderer Berücksichtigung integrierter
        gegenstandsspezialisierter Fertigungsabschnitte.
        Dresden, Techn. Universität, Diss., 1986.

/80/   Plath, H.-E.; Plicht, H.; Torke, D.: Zur Bewährungskontrolle arbeitswissenschaftlicher Gestal-
        tungslösungen bei flexiblen Maschinensystemen.
        In: Sozialistische Arbeitswissenschaften 31 (1987) Nr. 2, S. 94-102.

/81/   Becherer, A.: Zur Projektierung von Arbeitsaufgaben in der automatisierten Produktion.
        Dresden, Techn. Universität, Diss., 1989.

/82/   Arbeitskräftelösungen für flexible Fertigungssysteme.
        In: AWZ-Information Nr. 17. Hrsg. von Arbeitswissenschaftliches Zentrum des Ministeriums für
        Werkzeug- und Verarbeitungsmaschinen.
        Karl-Marx-Stadt, 1986.

/83/   Langer, G.; Sonntag, G.: Arbeitsgestalterische Aspekte bei der Projektierung von Arbeitsauf-
        gaben für die Fertigungssteuerung.
        In: Fertigungstechnik und Betrieb 35 (1985) Nr. 9, S. 530-532.

/84/   Plath, H.-E.; Risch, W.: Arbeitsweise des Dispatchers bei Störungen in flexiblen Fertigungssys-
        temen.
        In: Sozialistische Arbeitswissenschaften 31 (1987) Nr. 1, S. 35-46.

/85/   Risch, W.: Entwurf und Gestaltung von Produktionssteuerungssystemen unter arbeitswissen-
        schaftlichen Aspekten.
        In: Wiss. Z. d. Techn. Universität Karl-Marx-Stadt 30 (1988) Nr. 5, S. 755-760.

/86/   Quaas, W.: Arbeitspsychologische Aspekte der Gestaltung von Arbeitsaufgaben.
        In: Fertigungstechnik und Betrieb 31 (1981) Nr. 4, S. 530-532.

/87/   Quaas, W.: Zu arbeitspsychologischen Aspekten der Analyse, Bewertung und Gestaltung von
        Arbeitsaufgaben und Arbeitsinhalten.
        Dresden, Techn. Universität, Diss., 1983.

/88/   Böger, S.: Psychologisch fundierte Aufgabenprojektierung für die automatisierte Teilefertigung
        des Maschinenbaus.
        Dresden, Techn. Universität, Diss., 1987.

/89/   Böger, S.: Projektierung von persönlichkeitsförderlichen Arbeitsaufgaben für flexible Fertigungssysteme.
         In: Wiss. Z. d. Techn. Universität Karl-Marx-Stadt 30 (1988) Nr. 5, S. 761-765.

/90/   Ehlert, C.; Hartmann, G.; Werner, F.: Zur Projektierung kollektiver Formen der Arbeit in der automatisierten integrierten Fertigung.
         In: Sozialistische Arbeitswissenschaften 27 (1983) Nr. 6, S. 494-501.

/91/   Hirthammer, B.: Projektierung von Arbeitskräftelösungen unter den Bedingungen automatisierter Teilefertigung.
         Karl-Marx-Stadt, Techn. Hochschule, Diss., 1984.

/92/   Ehlert, C.: Gestaltung kollektiver Formen der Arbeit unter den Bedingungen der flexiblen Automatisierung in der Teilefertigung.
         Karl-Marx-Stadt, Techn. Hochschule, Diss, 1985.

/93/   Seliger, G.: Wirtschaftliche Planung automatisierter Fertigungssysteme.
         München, Wien: Hanser, 1983.
         Zugl. Berlin, Techn. Universität, Diss., 1983.

/94/   Zur Gestaltung von Einarbeitungsprozessen in den Standardsystemen FMS 630 und FMS 800.
         Forschungsbericht 661/7/802, Zentralinstitut für Arbeit, Dresden, 1988.

/95/   Untersuchungen zur Arbeitsorganisation bei der Einführung rechnergestützter Lösungen der Fertigungssteuerung.
         Forschungsbericht 635/7/804, Zentralinstitut für Arbeit Dresden 1988.

/96/   Plath, H.-E.; Plicht, H.; Torke, D.: Gestaltung von Einarbeitungsprozessen in flexiblen Maschinensystemen.
         In: Sozialistische Arbeitswissenschaften 33 (1989) Nr. 1, S. 34-44.

/97/   Schmicker, S., Lengert, E.: Gestaltung von Arbeitsaufgaben und dazugehörigen Organisationslösungen in flexiblen Fertigungssystemen zur Bearbeitung prismatischer Werkstücke.
         In: Auf dem Weg zur automatisierten rechnerintegrierten Produktion: 12. Projektierungskolloquium der Betriebs- und Arbeitsgestaltung, 30. - 31. August 1989, Magdeburg/
         Magdeburg, 1989, S. 203-208.

/98/   Plath, H.-E.; Plicht, H.; Torke, D.: Analyse und Gestaltung effektiver Organisationsformen für flexible Fertigungssysteme.
         In: Sozialistische Arbeitswissenschaften 34 (1990) Nr. 1, S. 9-18.

/99/   Gericke, F.; Naumann, W.: Lösungsansatz zur Simulation von Abläufen in flexiblen Fertigungssystemen.
         In: Wiss. Z. d. Techn. Universität Karl-Marx-Stadt 29 (1987) Nr. 6, S. 825-831.

/100/   Gericke, F.; Naumann, W.; Zink, J.: Projektierung von Arbeitskräftelösungen für flexible Fertigungssysteme mittels Simulationsverfahren.
         In: Wiss. Z. d. Techn. Universität Karl-Marx-Stadt 30 (1988) Nr. 5, S. 745-749.

/101/   Ebert, J.; Herter, J.; Thomas, H.: Hersteller-Schulung für flexible Fertigungssysteme.
In: Z. f. wirtschaftl. Fertigung u. Automatisierung 84 (1989) Nr. 12, S. 714-718.

/102/   Spur, G.; Herter, J.; Zurlino, F.: Qualifizierung für flexible Fertigungssysteme durch die Herstellerunternehmen.
In: Z. f. wirtschaftl. Fertigung u. Automaisierung 85 (1990) Nr. 11, S. 705-608.

/103/   Herter, J.: Qualifizierung für flexible Fertigungssysteme.
München: Hanser, 1991.
Zugl. Berlin, Universität, Diss., 1991.

/104/   Sonntag, K.: Erforderliche Qualifikation beim Tätigkeitsvollzug in der flexiblen automatisierten Fertigung.
In.: Z. für Arbeitswissenschaft 11 (1985) Nr. 4, S. 193-200.

/105/   Sonntag, K.: Qualifikationsanforderungen im flexiblen Fertigungssystem.
In: Z. für Berufsbildung in Wissenschaft und Praxis 14 (1985) Nr. 5, S. 178-182.

/106/   Nürnberg, S.: Bildung von Arbeitsplätzen in automatisierten flexiblen Produktionseinheiten.
In: Sozialistische Arbeitswissenschaften 29 (1985) Nr. 6, S. 453-460.

/107/   Nürnberg, S.: Strukturierung des Funktionsbereiches für den Werkstückspannprozeß in automatisierten flexiblen Fertigungssystemen.
In: Fertigungstechnik und Betrieb 39 (1989) Nr. 9, S. 555-558.

/108/   Steinbach, H.: Ergonomische Gestaltung von Arbeitsbereichen der Fertigungsprozeßsteuerung flexibler Fertigungssysteme.
Karl-Marx-Stadt, Techn. Universität, Habil., 1987.

/109/   Steinbach, H.; Wünsch, B.: Ergonomische Gestaltung von Bedienstellen für flexible Fertigungssysteme.
In: Fertigungstechnik und Betrieb 41 (1991) Nr. 1, S. 27-31.

/110/   Steinbach, H.: Arbeitswissenschaftliche Gestaltung von Komplexarbeitsplätzen und Typenprozeßleitständen für FFS.
In: Sozialistische Arbeitswissenschaften 32 (1988) Nr. 3, S. 188-197.

/111/   Steinbach, H.: Gestaltung von Komplexarbeitsplätzen für CIM-Betriebsstrukturen.
In: Auf dem Weg zur automatisierten rechnerintegrierten Produktion: 12. Projektierungskolloquium der Betriebs- und Arbeitsgestaltung, 30. 31. August 1989, Magdeburg/ Magdeburg, 1989, S. 268-272.

/112/   Fremmer, H.: Prämienentlohnung in einem flexiblen Fertigungssystem.
In: Angewandte Arbeitswissenschaft (1989) Nr. 122, S. 29-38.

/113/   Eversheim, W.; Herrmann, P.; Müller, W.: Der Mensch in der automatisierten Fertigung - eine Planungsaufgabe.
In: VDI-Z 125 (1983) Nr. 20, S. 847-852.

/114/   Risch, W.; Naumann, W.; Reif, A. u. a.: Gestaltung von Organisations- und Personalstrukturen
         für flexible Fertigungssysteme.
         Ergebnisbericht zum Vorhaben Grundstrukturen rechnerintegrierter Fertigungen (CIM-Betriebs-
         strukturen) Techn. Universität Chemnitz, WB Arbeitswissenschaft, Chemnitz 1990.

/115/   Friedrichs, J.: Methoden empirischer Sozialforschung.
         14. Aufl.
         Opladen: Westdeutscher, 1980.

/116/   Große-Oetringhaus, W. F.: Fertigungstypologie unter dem Gesichtspunkt der Fertigungsablauf-
         planung.
         Berlin, 1974.

/117/   Schomburg, E.: Entwicklung eines typologischen Instrumentariums zur systematischen Ermitt-
         lung der Anforderungen an EDV-gestützte Produktionsplanungs- und -steuerungssysteme im
         Maschinenbau.
         Aachen, Techn. Hochschule, Diss., 1980.

/118/   Müller, G.; Reuter, H.-K.; Elßner, W.: Technologische Fertigungsvorbereitung Maschinenbau.
         6. überarb. Aufl.
         Berlin, Technik, 1975.

/119/   Schiffer, F.; Tempelhof, K.-H.: Fertigungsprozeßgestaltung im Maschinen- und Gerätebau.
         1. Aufl.
         Berlin: Technik, 1981.

/120/   Gummersbach, A.; Bülles, P.; Schieferecke, A.: Arbeitsvorbereitung Betriebswirtschaftslehre.
         6. überarb. Aufl.
         Hamburg: Handwerk und Technik, 1993.

/121/   Binder, R.; Hammer, H.: Fünfseitenbearbeitung von Großteilen auf einer Fertigungszelle.
         In: wt-Z ind. Fertig. 73 (1983) Nr. 4, S. 195-198.

/122/   REFA Methodenlehre des Arbeitsstudiums Teil 1: Grundlagen.
         7. Aufl.
         München: Hanser, 1984.

/123/   REFA Methodenlehre des Arbeitsstudiums Teil 3: Kostenrechnung, Arbeitsgestaltung:
         7. Aufl.
         München: Hanser, 1985.

/124/   Susansky, J.: Probleme der Gruppengröße in Arbeitskollektiven.
         In: Fertigungstechnik und Betrieb 31 (1981) Nr. 4, S. 206-207.

/125/   Demmer, B.; Gohde, H.-E., Kötter, W.: Komplettbearbeitung in eigener Regie: Prüfsteine zur
         Planung von Fertigungsinseln.
         In: Technische Rundschau 83 (1991) Nr. 4, S. 18-26.

/126/   Bühner, R.; Pharao, I.: Erfolgsfaktoren integrierter Gruppenarbeit.
         In: VDI-Z 135 (1993) Nr. 1/2, S. 46-57.

/127/   Heisel, U.; Stephan, S.; Gugenberger, G.: Kapazitive Auslastungsprobleme bei FFS und deren
         Konsequenzen: Erfahrungen eines Automobilzulieferers.
         Forschungsbericht unveröffentl., Stuttgart, 1994.

/128/   Merkel, P.: Weg von der Linie.
         In: Industrie-Anzeiger 114 (1992) Nr. 7, S. 54-56.

/129/   Böhm, C.: Entscheidungsfindung zur Installation eines Flexiblen Fertigungssystems (FFS) -
         Definition von Entscheidungsparametern zur Auswahl eines FFS.
         Leoben, Montanuniversität, Diplomarbeit, 1989.

/130/   Maxwald, E.: Ein Vergleich unverbundener DNC-Maschinen mit einem FFS in einem Unter-
         nehmen der Fahrzeugindustrie - Überlegungen zur Wirtschaftlichkeit.
         Linz, Universität, Diplomarbeit, 1992.

/131/   Gugenberger, G.: FFS-Erfahrungen aus der Serienfertigung.
         In: Kundenorientierte Produktion - Wettbewerbsfaktor Arbeitsorganisation: IAO-Forum,
         Mai 1993, Stuttgart; Fraunhofer-Institut f. Arbeitswirtschaft und Organisation, 1993,
         S. 199-221.

/132/   Schmidt, J.; Klaiber, M.; Asteriades, N.: Einfahren von NC-Programmen.
         In: VDI-Z 133 (1991) Nr. 4, S. 115-118.

/133/   Hartmann, C.: Einsatzkriterien für die Planung von praxisnahen wirtschaftlich begründbaren
         Automatisierungsstufen bei der Bohr- und Fräsbearbeitung.
         Düsseldorf: VDI, 1992.
         Zugl. Stuttgart, Universität, Diss., 1992.

/134/   Qualitätssicherung in flexiblen Fertigungssystemen (QS in FFS).
         FQS-Schrift Nr. 95-02, Frankfurt a. M. 1991,
         Hrsg. von Forschungsgemeinschaft Qualitätssicherung e. V. (FQS).
         Berlin: Beuth, 1991.

/135/   Heisel, U.: FFS auf dem Prüfstand.
         In: Instandhaltung (1992) Nr. 6, S. 22-24.

10   Anhang

10.1   Erläuterung der Teilaufgaben (TA 1 bis 17)

TA 1: Fertigungsaufträge vorbereiten

Zur Vorbereitung der Fertigungsaufträge gehören im wesentlichen:

- die Werkstückkonstruktion einschließlich Rohteiloptimierung,
- die Arbeitsvorbereitung einschließlich Konstruktion, Auswahl und Beschaffung von Vorrichtungen, Werkzeugen und Prüfmitteln,
- die NC-Programmierung für Bearbeitungs- und ggf. Meßmaschinen sowie
- die Erstellung von Prüfvorschriften und anderen Arbeitsunterlagen.

TA 2: Fertigungsaufträge einplanen

Auf der Leitebene werden die Werkstattaufträge, deren Material buchmäßig verfügbar ist, bei Eignung für die Bearbeitung auf dem FFS bzw. im FFS-Verantwortungsbereich hinsichtlich der buchmäßigen Verfügbarkeit der benötigten Fertigungshilfsmittel geprüft und unter Berücksichtigung der bereits zurückgemeldeten Systemdaten dem Systemauftragspool übergeben. Davon ausgehend ist in bestimmten Intervallen die Einplanung neuer Fertigungsaufträge vorzunehmen. Dabei sind die Systemaufträge bei der Fertigung auf Bestellung mittels Einzelaufträgen in Maschinentypaufträge zu splitten und Rangreihen zu bilden. Ferner ist die physische Verfügbarkeit der Fertigungshilfsmittel zu prüfen und die Einreihung der Maschinentypaufträge vorzunehmen. Abschließend erfolgt das Reservieren der Fertigungshilfsmittel. Für die Fertigung auf Bestellung innerhalb von Rahmenaufträgen werden nach dem erstmaligen Einplanen nur noch den aktuellen Stückzahlabrufen entsprechende Scheinaufträge gebildet und kapazitätsmäßig eingeplant.

TA 3: Fertigungsaufträge steuern

Das Steuern von Fertigungsaufträgen ist erforderlich, wenn festgestellt wird, daß sich die Zustandsdaten oder die Fertigungsauftragsdaten kurzfristig verändert haben. Die Zustandsdaten setzen sich aus FFS-bereichsinternen Fortschritts- und Störungsmeldungen, wie z. B. eingeschränkter oder fehlender Verfügbarkeit von Fertigungsmitteln und -hilfsmitteln, Rohmaterial usw. zusammen. Zu berücksichtigende Fertigungauftragsdaten betreffen terminliche, kapazitive als auch konstruktiv-technologische Änderungen.

Kurzfristig müssen dann Einzelaufträge eingefügt, verschoben, gestrichen, geteilt, unterbrochen oder mengenmäßig geändert werden. Das bedeutet zugleich, daß die Reservierung und die Bereitstellung der Fertigungshilfsmittel anzupassen sind. Bei Stückzahlabrufen ist nur eine kapazitive Einflußnahme, d. h. mengenbezogenes Steuern, möglich.

TA 4: FFS wieder in Betrieb nehmen

Nach einer planmäßigen schicht- oder tagweisen Unterbrechung des FFS-Einsatzes muß das FFS erneut in den Betriebszustand versetzt werden. Dazu zählt die vollständige Inbetriebnahme der Gerätetechnik einschließlich der erforderlichen Warm- und Anlaufphasen. Desweiteren hat die Zuordnung und Veranlassung der Werkstücktransporte sowie der Bearbeitungsstart für jede Bearbeitungsmaschine zu erfolgen. Die Teilaufgabe gilt als abgeschlossen, wenn alle Bearbeitungsmaschinen des FFS mit der Bearbeitung ihres Maschinenauftrages begonnen haben und das System eingeschwungen ist. In der Praxis heißt der Teilaufgabenkomplex TA 4 und TA 10 (Werkstücke spannen oder palettieren) häufig Systemhochfahren. Im Rahmen der vorliegenden Arbeit wird die TA 4 jedoch ohne die TA 10 bewertet.

TA 5: Aufträge einfahren

Bevor erstmals im FFS zu bearbeitende Aufträge oder Wiederholaufträge mit geänderten Komponenten (z. B. Vorrichtung, NC-Programm) automatisch abgearbeitet werden können, ist deren Einfahren (Testen) erforderlich. Die zu einem Auftrag gehörenden, bereits vorrichtungsseitig vorbereiteten und mit Werkstücken bestückten Systempaletten werden hinsichtlich der bearbeitungsgerechten Aufspannung überprüft. Nach dem Einlesen bzw. Aufruf des NC-Programmes an der werkzeugseitig vorbereiteten Einfahrmaschine beginnt der eigentliche Einfahrvorgang, d. h. die Kollisionsüberprüfung sowie die Optimierung der Maße und der Technologie. Nach Schmidt, Klaiber und Asteriadis /132/ ist die Teilaufgabe abgeschlossen, wenn alle zur Bearbeitung des Fertigungsauftrages erforderlichen Aufspannungen getestet sind, und die Gutteile vorliegen.

TA 6: Umrüsten bei Auftragswechsel

Die Teilaufgabe Umrüsten bei Auftragswechsel umfaßt die Versorgung der FFS mit Vorrichtungen zum bearbeitungsgerechten Spannen der Werkstücke. Der Begriff „Vorrichtungen" umfaßt nach Hartmann /133/ verschiedene Vorrichtungsarten, wie teilespezifische Vorrichtungen (Sondervorrichtungen) und Einfachstvorrichtungen, modulare Vorrichtungen (z. B. Rastersysteme) sowie Baukastenvorrichtungen aber auch Spannelemente, die direkt auf die Systempaletten montiert werden.

Zum auftragswechselbedingten Vorrichtungsrüsten gehören neben der Montage und Demontage auch die abschließende Funktionsüberprüfung und Maßkontrolle. Weitere Teilfunktionen sind das geordnete Lagern, Handhaben, Transportieren und Reinigen der Vorrichtungen.

TA 7: Werkzeugwechsel vor- und nachbereiten

Die Vorbereitung der auftragswechsel-, verschleiß- oder bruchbedingten Werkzeugwechsel erfolgt auf der Grundlage manuell oder automatisch erstellter und übernommener Werkzeugbedarfslisten. Modulare Werkzeuge sind anforderungsgerecht zu montieren und voreinzustellen sowie die Werkzeug- und Voreinstelldaten zu fixieren. Nach der Zusammenstellung der Werkzeuge und Meßmittel (z. B. Meßtaster) auf Transportwagen müssen diese in den FFS-Verantwortungsbereich transportiert werden. Der bereichsinterne Transport und der Werkzeugwechsel am FFS gehören nicht zum Aufgabenumfang (s. TA 7 und 8). Nach Einsatzende der Werkzeuge im FFS sind diese einer Sichtkontrolle zu unterziehen und ggf. deren auf Wendeschneidplatten begrenzte Aufbereitung, Wartung, Reinigung und falls externe Aufbereitungen oder Instandhaltungen erforderlich deren Demontage vorzunehmen. Je nach Werkzeuglagerungsstrategie müssen die Werkzeuge demontiert und modulweise eingelagert oder montiert und erneut voreingestellt geordnet eingelagert werden. Die Ersatz- oder Neubeschaffung von Werkzeugen erfolgt zentral.

TA 8: Werkzeuge wechseln bei Auftragswechsel

Der auftragswechselbedingte Werkzeugaustausch am FFS kann je nach Systemkonfiguration direkt in die Werkzeugspeicher der Bearbeitungsmaschinen und/oder über Werkzeugein-/ausgabestationen erfolgen. Unmittelbar mit der Eingabe ist die Identifizierung der Werkzeuge und die Korrekturwerteingabe bzw. deren automatische Übernahme verbunden. Der Werkzeugwechsel soll hauptzeitparallel und rechtzeitig vor Auftragsbeginn erfolgen. Nach Einsatzende sind die auftragswechselbedingt ausgeschleusten Werkzeuge mit Reststandzeit geordnet in FFS-Nähe abzulegen oder standzeitunabhängig für den Transport ins Werkzeuglager bereitzustellen.

TA 9: Werkzeuge wechseln bei Verschleiß und Bruch

Der verschleiß- und bruchbedingte Werkzeugwechsel ist vor allem bei planbarem (abschätzbarem) Verschleiß von Werkzeugen erforderlich. In diesen Fällen werden Schwester- bzw. Duplo-Werkzeuge im Sinne von Verschleißwerkzeugen oder zusätzlichen Ersatzwerkzeugen den auftragsbezogenen Werkzeugsätzen oder Differenzwerkzeugen planmäßig beigefügt. Mit den anderen Werkzeugen werden diese entsprechend der Standzeitvorgaben möglichst mit dem auftragswechselbedingten Werkzeugwechsel zusammengefaßt ausgetauscht.

Bei unsicheren Standzeitvorgaben kann beim Erreichen der Vorwarngrenze oder des formalen Standzeitendes eine Sichtkontrolle des Werkzeuges mit Standzeitkorrektur erforderlich werden. Daneben können im Bearbeitungsprozeß auch nicht abschätzbare Verschleiße oder Brüche bei Werkzeugen auftreten für die kein Ersatz im FFS vorgesehen wurde. In diesen Fällen muß zur Vermeidung von Stillstandszeiten, falls keine Ersatzfertigungsaufträge sofort startbar sind, kurzfristig das voreingestellte Ersatzwerkzeug eingewechselt werden. Im Normalfall stehen jedoch für Risikowerkzeuge die Ersatzwerkzeuge am FFS bzw. direkt an der Bearbeitungsmaschine bereit.

TA 10: Werkstücke spannen oder palettieren

Die Teilaufgabe Werkstücke spannen umfaßt deren manuelles Handhaben, Einlegen in die Vorrichtung, Fixieren und mechanisches oder hydraulisches Spannen sowie das wiederholte Einlegen und Spannen bei Vorrichtungen mit verschiedenen Spannlagen (Umspannen) und das Abspannen. Die Teilfunktionen Um- und Abspannen werden bei Bedarf durch Zwischenentgraten von Aufnahmeflächen oder -bohrungen und Reinigen von Werkstück, Vorrichtung und Systempalette ergänzt. Bei Großteilen ist es möglich, daß diese entsprechend einer Aufspannskizze direkt auf die Systempalette aufzuspannen sind. Dabei ist ein genaues Positionieren, Vermessen und Justieren der Lage des Werkstückes und das Spannen mittels Spannpratzen und -schrauben erforderlich. Im Gegensatz dazu bedeutet das Palettieren von Werkstücken eine größere Anzahl von Werkstücken auf einer System- oder Transportpalette entsprechend der Aufnahmen definiert anzuordnen.

TA 11: Werkstücke entgraten und reinigen

Die Teilaufgabe Werkstücke entgraten und reinigen unterscheidet sich von den Teilfunktionen Zwischenentgraten und -reinigen vor dem Umspannen eines Werkstückes dadurch, daß keine Notwendigkeit besteht das abgespannte Werkstück sofort in der Folgeaufspannung auf der gleichen Systempalette oder nach kurzer Zeitspanne weiterzubearbeiten. Die Ausführung der Teilaufgabe ist zeitlich und räumlich im Vergleich zum Spannen der Werkstücke kaum an die Auftragsabarbeitung im FFS gebunden. Die Ausführung kann mittels einfacher und handgeführter mechanisierter Entgratwerkzeuge aber auch mittels separater Entgratmaschinen erfolgen. Die einfache Werkstückreinigung ist mittels Druckluft, Kühlmittel-/ Spaneabsaugung oder Kühlmittelstrahl an speziellen Arbeitsstellen durchführbar. Des weiteren ist die Mechanisierung durch Bürstmaschinen (Werkstücke aus Aluminium) und Durchlaufwaschmaschinen möglich, deren Bedienung dann eine auszuführende Teilfunktion wird.

<u>TA 12: TA an Nebenmaschinen und -arbeitsplätzen</u>

Unter dieser Teilaufgabe sind alle Teilfunktionen zu verstehen, die zur Vor-, Zwischen- und Nachbearbeitung sowie -behandlung eines Fertigungsauftrages außerhalb des FFS beitragen. Analog zur Teilaufgabe 9 besteht kein Zwang zur bereichsinternen Ausführung. Nebenarbeitsplätze können der Klein- bzw. Zwischenmontage (z. B. Buchseneinpressen), dem Feinentgraten (z. B. von Verbindungsbohrungen), der Dichtheitsprüfung (z. B. werkstückspezifische Abpreßbecken), der speziellen Sichtkontrolle (z. B. Gewinde, Haarrisse) oder dem Verpacken und Stapeln der fertigen Werkstücke dienen.

<u>TA 13: Werkstücke prüfen und beurteilen</u>

Entsprechend auftragsspezifischer Prüfvorschriften werden jeweils nach Auftragswechsel (Wiederholaufträge), Werkzeugwechsel (verschleiß- und bruchbedingt), Ausschuß und Nacharbeit so viele Werkstücke geprüft, bis das erste Gutteil bestätigt ist oder das Nacharbeits-und Ausschußrisiko vertretbar ist. Des weiteren sind in vorgegebener Weise für jedes x-te gerade bearbeitete Werkstück die Meßdaten zu erfassen und zu dokumentieren. Je nach Prüfvorschrift sind konventionelle, pneumatische, elektrische Meß- und Prüfmittel, separate Meßautomaten und -maschinen zu benutzen bzw. zu bedienen. Die Dokumentation und Auswertung kann anhand von Qualitätsregelkarten manuell oder mittels SPC-Computer erfolgen. Von grundlegender Bedeutung ist dabei die Koordination von Fertigungs- und Prüfabläufen, da sonst Totzeiten und erhöhte Ausschußraten auftreten können. Aufgrund der kurzfristigen Auswertung der Ergebnisse sind die Werkstücke hinsichtlich Gutteil, Ausschuß oder Nacharbeit zu beurteilen. Nach der Teilebeurteilung, der Nacharbeit oder dem Ausschuß sind rückwirkend sämtliche zuvor bearbeiteten und nicht geprüften Werkstücke auszusortieren. Bei tendenziell abnehmendem oder bereits zu geringem Qualitätsniveau ist die nachfolgende Teilaufgabe Eingreifen bei Qualitätsabweichungen einzuleiten oder selbst als solche auszuführen.

<u>TA 14: Eingreifen bei Qualitätsabweichungen</u>

Ausgehend von den Meß- und Prüfergebnissen sowie der kritischen Beurteilung des Qualitätsniveaus sind die Ursachen für die Maß-, Form-, Lage- und Oberflächenabweichungen von ihrem Sollwert oder dahingehende Entwicklungstrends zu analysieren und zu interpretieren. Konkrete Maßnahmen zur Korrektur der qualitätsbeeinflussenden Parameter des Fertigungsprozesses müssen abgeleitet oder ggf. die Unterbrechung der Bearbeitung veranlaßt werden. Im Rahmen der Ursachenanalyse ist häufig eine umfassendere Prüfung der Werkstücke als bei der Teilaufgabe 13, zum Teil auch mittels Koordinatenmeßtechnik, erforderlich.

Die korrigierenden Eingriffe betreffen konkrete und nachfolgend zu bearbeitende Werkstücke. Zu den technischen Maßnahmen zählen z. B. die Beeinflussung von Werkzeugkorrekturwerten und Schnittgeschwindigkeiten. Den organisatorischen Maßnahmen wird u. a. die Sperrung von Fertigungshilfsmitteln zugerechnet /134/.

TA 15: Instandhalten und warten

Die Instandhaltung umfaßt die Teilfunktionen Warten, Prüfen und Diagnose, Vor- und Nachbereitung (Außer- und Inbetriebsetzen), Demontage bzw. Montage von Baugruppen und -elementen sowie die Instandsetzung bzw. Reparatur. Somit spielt sie eine maßgebliche Rolle bei der Vermeidung und Verringerung technisch bedingter Ausfallzeiten des FFS und der Nebenmaschinen /135/.

TA 16: FFS umfassend reinigen

Zur langfristigen Erhaltung der Leistungsfähigkeit des FFS sind in größeren Zeitintervallen komplexe und gründliche Systemreinigung durchzuführen. Einsatzbedingte Verunreinigungen des FFS und dessen Umfeldes durch Späne, Kühlmittel und Öl sind als Ergänzung zur täglichen arbeitsplatzbezogenen Reinigung zu beseitigen. Um die Ausführung der Teilaufgabe nicht einzuschränken, befinden sich zweckmäßigerweise keine Werkstücke mehr im FFS. Aus Gründen der Zugänglichkeit des FFS-Inneren (z. B. Bearbeitungsmaschinen, Transportsystem) und des Arbeitsschutzes muß das System in den Reinigungsstatus gesetzt werden.

TA 17: FFS-Personal planen und führen

Im Rahmen der Teilaufgabe TA 17 wird das zum Einsatz im FFS-Verantwortungsbereich benötigte Personal mittel- bis kurzfristig bezüglich der Schichtbesetzung geplant und entsprechen der aktuellen Situationen arbeitsaufgabenbezogen eingeteilt. Im Bedarfsfall sind personalseitige Abstimmungen mit anderen Bereichen vorzunehmen. Weiterhin muß im Rahmen der TA 17 die Leistungsbewertung und -abrechnung des FFS-Personals erfolgen.

10.2 Datenbasis zur Überprüfung der FFS-Einsatztypen

| FFS-Nr. | Ausprägungen der Merkmale | | | | | Eindeutige Zuordnung der FFS-Einsatzfälle zu: | | |
	A	B	C	D	E	einem FFS-Einsatztyp	gemischtem FFS-Einsatztyp	keinem FFS-Einsatztyp
1	A.a	B.a	C.a	D.a	E.a	I	---	---
2	A.a	B.a	C.a	o. B.	E.a	I	---	---
3	A.a	B.a	C.a	D.a	E.a	I	---	---
4	A.a	B.a	C.a	D.a	E.a	I	---	---
5	A.a	B.a	C.a	o. B.	E.a	I	---	---
6	A.a	B.a	C.a	D.a	E.a	I	---	---
7	A.a	B.a	C.a	D.a	E.a	I	---	---
8	A.a	B.a	C.a	o. B.	E.a	I	---	---
						$\Sigma = 8$		
9	A.a	B.a	C.b	D.b	E.a	II	---	---
10	A.a	B.a	C.b	D.b	E.a	II	---	---
11	A.a	B.a	C.b	D.b	E.a	II	---	---
12	A.a	B.a	C.b	D.b	E.a	II	---	---
13	A.a	B.a	C.b	D.b	E.a	II	---	---
14	A.a	B.a	C.b/C.c	D.b	E.a	II	---	---
						$\Sigma = 6$		
15	A.a/A.b	B.a/B.b	C.b/C.c	D.c	E.a	---	III-II	---
16	A.a/A.b	B.a/B.b	C.a/C.b	D.c	E.a	---	III-II	---
						$\Sigma = 2$		
17	A.a/A.b	B.b	C.b	D.c	E.a	III-C.b	---	---
18	A.b	B.b	C.b	D.c	E.a	III-C.b	---	---
						Teil-$\Sigma = 2$		
19	A.b	B.b	C.b/C.c	D.c	E.a	III	---	---
20	A.b	B.b	C.b/C.c	D.c	E.a	III	---	---
21	A.b	B.b	C.b/C.c	D.c	E.a	III	---	---
22	A.b	B.b	C.b/C.c	D.c	E.a	III	---	---
23	A.b	B.b	C.b/C.c	D.c	E.a	III	---	---
24	A.b	B.b	C.b/C.c	D.c	E.a	III	---	---
25	A.b	B.b	C.b/C.c	D.c	E.a	III	---	---
26	A.b	B.b	C.b/C.c	D.c	E.a	III	---	---
27	A.b	B.b	C.b/C.c	D.c	E.a	III	---	---
28	A.b	B.b	C.b/C.c	D.c	E.a	III	---	---
29	A.b	B.b	C.b/C.c	D.c	E.a	III	---	---
30	A.b	B.b	C.b/C.c	D.c	E.a	III	---	---
31	A.b	B.b	C.b/C.c	D.c	E.a	III	---	---
32	A.b	B.b	C.b/C.c	D.c	E.a	III	---	---
33	A.b	B.b	C.b/C.c	D.c	E.a	III	---	---
34	A.b	B.b	C.b/C.c	D.c	E.a	III	---	---
35	A.b	B.b	C.b/C.c	D.c	E.a	III	---	---
36	A.b	B.b	C.b/C.c	D.c	E.a	III	---	---
37	A.b	B.b	C.b/C.c	D.c	E.a	III	---	---
38	A.b	B.b	C.b/C.c	D.c	E.a	III	---	---
39	A.b	B.b	C.b/C.c	D.c	E.a	III	---	---
40	A.b	B.b	C.b/C.c	D.c	E.a	III	---	---
41	A.a/A.b	B.b	C.b/C.c	D.c	E.a	III	---	---
42	A.a/A.b	B.b	C.b/C.c	D.c	E.a	III	---	---
						Teil-$\Sigma = 24$		
43	A.b	B.b	C.c	D.c	E.a	III-C.c	---	---
44	A.b	B.b	C.c	D.c	E.a	III-C.c	---	---
45	A.b	B.b	C.c	D.c	E.a	III-C.c	---	---
46	A.b	B.b	C.c	D.c	E.a	III-C.c	---	---
47	A.b	B.b	C.c	D.c	E.a	III-C.c	---	---
48	A.b	B.b	C.c	D.c	E.a	III-C.c	---	---
						Teil-$\Sigma = 6$		

Tab. 43/1: Zuordnung der FFS-Einsatzfälle zu den FFS-Einsatztypen (n = 78)

| FFS-Nr. | Ausprägungen der Merkmale | | | | | Eindeutige Zuordnung der FFS-Einsatzfälle zu: | | |
	A	B	C	D	E	einem FFS-Einsatztyp	gemischtem FFS-Einsatztyp	keinem FFS-Einsatztyp
49	A.b	B.b	C.c/C.d	D.c	E.a	III-C.c/C.d	---	---
50	A.b	B.b	C.c/C.d	D.c	E.a	III-C.c/C.d	---	---
51	A.b	B.b	C.c/C.d	D.c	E.a	III-C.c/C.d	---	---
52	A.b	B.b	C.c/C.d	D.c	E.a	III-C.c/C.d	---	---
53	A.b	B.b	C.c/C.d	D.c	E.a	III-C.c/C.d	---	---
54	A.b	B.b	C.c/C.d	D.c	E.a	III-C.c/C.d	---	---
55	A.b	B.b	C.c/C.d	D.c	E.a	III-C.c/C.d	---	---
56	A.b	B.b	C.c/C.d	D.c	E.a	III-C.c/C.d	---	---
						Teil-$\Sigma = 8$		
						$\Sigma = 2+24+6+8 = 40$		
57	A.b	B.b	C.c	D.c	E.a/E.b	---	III-IV	---
58	A.b	B.b	C.c	D.c	E.a/E.b	---	III-IV	---
59	A.b	B.b	C.c	D.c	E.a/E.b	---	III-IV	---
60	A.b	B.b	C.c	D.c	E.a/E.b	---	IV-III	---
							$\Sigma = 4$	
61	A.b	B.b	C.c	D.c	E.b	IV	---	---
62	A.b	B.b	C.c	D.c	E.b	IV	---	---
63	A.b	B.b	C.c	D.c	E.b	IV	---	---
64	A.b	B.b	C.c	D.c	E.b	IV	---	---
65	A.b	B.b	C.c	D.c	E.b	IV	---	---
						$\Sigma = 5$		
66	A.b	B.b	C.c/C.d	D.c	E.b	---	IV-V	---
							$\Sigma = 1$	
67	A.b	B.b	C.d	D.c	E.b	V	---	---
68	A.b	B.b	C.d	D.c	E.b	V	---	---
						$\Sigma = 2$		
69	(A.a) A.a/A.b	(B.a) B.b	(C.b) C.c	(D.b) D.c	(E.a) E.a	---	---	(i. A. II) FFS für II, i. A. III-C.c
70	A.a/A.b	B.a/B.b	C.a	D.c	E.a	---	---	i. A. II-III-C.a
71	A.a/A.b	B.a	C.a	D.c	E.a	---	---	i. A. III-C.a
72	(A.b) A.b	(B.b) B.b	(C.a) C.a/C.c	(D.c) D.c	(E.a) E.a	---	---	(i. A. III-C.a) i. A. III-C.a/C.c
73	A.b	B.b	C.a/C.b	D.c	E.a	---	---	i. A. III-C.a/C.b
74	A.a/A.b	B.b	C.a/C.b	D.c	E.a	---	---	i. A. III-C.a/C.b
75	A.a/A.b	B.a/B.b	C.a/C.b/ C.c	D.c	E.a	---	---	i. A. III-C.a/ C.b/C.c
76	A.b	B.b	C.a	D.c	E.a	---	---	i. A. III-C.a
77	A.b	B.b	C.a	D.c	E.a	---	---	i. A. III-C.a
78	(A.b) A.b	(B.b) B.b	(C.b/C.c) C.b/C.c	(D.c) D.c	(E.a) E.a	---	---	(i. A. III) FFS für II,. i. A II
								$\Sigma = 10$
						Gesamt $\Sigma = 61$	Gesamt $\Sigma = 7$	Gesamt $\Sigma = 10$

Legende:
( )   Geplante oder frühere Merkmalsausprägung
o. B.   ohne Bedeutung
i. A.   Beschreibung nicht zuordenbarer FFS-Einsatzfälle in Anlehnung an ähnliche FFS-Einsatztypen und spezielle Merkmalsausprägungen (Ursachen z. B. spezifische Marktsegmente, stark veränderte Auftragslage. Fehlplanungen und -investitionen)

Tab. 43/2: Zuordnung der FFS-Einsatzfälle zu den FFS-Einsatztypen (n = 78)

10.3 Dokumentation der FFS-Einsatztypen I bis V

FFS-Einsatztyp I		
Merkmal	Merkmalsausprägung	Größen
A Kundenauf- trag	A.a Bestellung inner- halb von Rahmen- aufträgen	1) Art des Kunden- auftrages - kontinuierlicher (tag- oder wochenweiser) Bedarf an Werkstücken in schwankender Menge für meist länger als ein Jahr 2) Art der Lieferver- ein-barung - innerhalb der Rahmenaufträge auf Lieferabruf Werkstücke in Transportlosen bereitzustellen oder anzuliefern 3) Lebensdauer pro Werkstück - bekannte meist ein- bis mehrjährige Lebensdauer pro Werkstück
B Fertigungs- auftrag	B.a Fertigung auf Bestellung inner- halb von Rahmen- vereinbarungen	1) Art der Auftrags- abarbeitung - kontinuierliche (tag- oder wochenweise) Erfüllung der Stückzahlabrufe durch interne Beauftragung 2) Art der Lieferver- einbarung - Werkstücke entsprechend aktuellen Stückzahlabrufen in Transportlosen bereitzustellen oder anzuliefern
C Fertigungs- art	C.a Großserien- fertigung	1) Stückzahl pro Werkstück u. Jahr - sehr große Stückzahlen pro Werkstück und Jahr 2) Auftragswieder- holhäufigkeit pro Jahr - kontinuierliche Auftragswiederholung bzw. -abarbeitung
D Mengenab- hängigkeit	D.a Umfassende Men- genabhängig-keit	1) Mengenverhältnis- se der Fertigungs- aufträge unterein- ander - abhängiges Mengenverhältnis 2) Komplexität der Mengenverhält- nisse - Mengenverhältnis umfaßt alle Fertigungsaufträge (Werkstücke meist für ein gemeinsames Produkt)
E Werkstück- größe	E.a Kleinteile	1) Werkstückabmes- sungen u. -massen - kleine bis mittelgroße Werkstücke mit geringer bis mittlerer Masse 2) manuelle Werk- stückhandhabbar- keit - manuelle Handhabbarkeit gegeben 3) Größe der System- paletten - größte Kantenlänge maximal 1000 mm

Tab. 44: Darstellung des FFS-Einsatztyps I durch Auflösung des typologischen Grundmusters

FFS-Einsatztyp II		
Merkmal	Merkmalsausprägung	Größen
A Kundenauftrag	A.a Bestellung innerhalb von Rahmenaufträgen	1) Art des Kundenauftrages — kontinuierlicher (tag- oder wochenweiser) Bedarf an Werkstücken in schwankender Menge für meist länger als ein Jahr 2) Art der Liefervereinbarung — innerhalb der Rahmenaufträge auf Lieferabruf Werkstücke in Transportlosen bereitzustellen oder anzuliefern 3) Lebensdauer pro Werkstück — bekannte meist ein- bis mehrjährige Lebensdauer pro Werkstück
B Fertigungsauftrag	B.a Fertigung auf Bestellung innerhalb von Rahmenvereinbarungen	1) Art der Auftragsabarbeitung — kontinuierliche (tag- oder wochenweise) Erfüllung der Stückzahlabrufe durch interne Beauftragung 2) Art der Liefervereinbarung — Werkstücke entsprechend aktuellen Stückzahlabrufen in Transportlosen bereitzustellen oder anzuliefern
C Fertigungsart	C.a Serienfertigung	1) Stückzahl pro Werkstück u. Jahr — große Stückzahlen pro Werkstück und Jahr 2) Auftragswiederholhäufigkeit pro Jahr — kontinuierliche *oder große* Auftragswiederholung bzw. -abarbeitung
D Mengenabhängigkeit	D.a Umfassende Mengenabhängig-keit	1) Mengenverhältnisse der Fertigungsaufträge untereinander — abhängiges Mengenverhältnis 2) Komplexität der Mengenverhältnisse — Mengenverhältnis zwischen einzelnen Fertigungsaufträgen (Werkstücke meist für verschiedene Produkte)
E Werkstückgröße	E.a Kleinteile	1) Werkstückabmessungen u. -massen — kleine bis mittelgroße Werkstücke mit geringer bis mittlerer Masse 2) manuelle Werkstückhandhabbarkeit — manuelle Handhabbarkeit gegeben 3) Größe der Systempaletten — größte Kantenlänge maximal 1000 mm

Legende: Aussage in Kursivschrift für diesen FFS-Einsatztyp nicht relevant

Tab. 45: Darstellung des FFS-Einsatztyps II durch Auflösung des typologischen Grundmusters

FFS-Einsatztyp III		
Merkmal	Merkmalsausprägung	Größen
A Kundenauftrag	**A.b** Bestellung mittels Einzelaufträgen	1) Art des Kundenauftrages — einmaliger Bedarf an einer bestimmten Menge zu definiertem Termin oder Terminen 2) Art der Lieferverein-barung — Werkstücke entsprechend Einzel- oder Wiederholaufträgen in Transportlosen bereitzustellen oder anzuliefern 3) Lebensdauer pro Werkstück — meist unbekannte Lebensdauer pro Werkstück
B Fertigungsauftrag	**B.b** Fertigung auf Bestellung mittels Einzelaufträgen	1) Art der Auftragsabarbeitung — losweise Auftragsabarbeitung bis zum spätesten Liefertermin durch interne Beauftragung 2) Art der Lieferver-einbarung — Werkstücke entsprechend -Einzel- oder Wiederholaufträgen in Transportlosen bereitzustellen oder anzuliefern
C Fertigungsart	**C.b** Serienfertigung	1) Stückzahl pro Werkstück u. Jahr — große Stückzahlen pro Werkstück und Jahr 2) Auftragswiederholhäufigkeit pro Jahr — *kontinuierliche oder* große Auftragswiederholung *bzw. -abarbeitung*
	C.c Einzel- und Kleinserienfertigung	1) Stückzahl pro Werkstück u. Jahr — geringe Stückzahlen pro Werkstück und Jahr 2) Auftragswiederholhäufigkeit pro Jahr — geringe Auftragswiederholung pro Jahr
D Mengenabhängigkeit	**D.c** Keine Mengenabhängigkeit	1) Mengenverhältnisse der Fertigungsaufträge untereinander — unabhängige oder unberücksichtigte Mengenverhältnisse 2) Komplexität der Mengenverhältnisse — keine Komplexität relevant
E Werkstückgröße	**E.a** Kleinteile	1) Werkstückabmessungen u. -massen — kleine bis mittelgroße Werkstücke mit geringer bis mittlerer Masse 2) manuelle Werkstückhandhabbarkeit — manuelle Handhabbarkeit gegeben 3) Größe der Systempaletten — größte Kantenlänge maximal 1000 mm

Legende: Aussage in Kursivschrift für diesen FFS-Einsatztyp nicht relevant

Tab. 46: Darstellung des FFS-Einsatztyps III durch Auflösung des typologischen Grundmusters

FFS-Einsatztyp IV		
Merkmal	Merkmalsausprägung	Größen
A Kundenauf-trag	A.b Bestellung mittels Einzelaufträgen	1) Art des Kunden-auftrages - einmaliger Bedarf an einer bestimmten Menge zu definiertem Termin oder Terminen 2) Art der Lieferver-ein-barung - Werkstücke entsprechend Einzel- oder Wiederholaufträgen in Transportlosen bereitzustellen oder anzuliefern 3) Lebensdauer pro Werkstück - meist unbekannte Lebensdauer pro Werkstück
B Fertigungs-auftrag	B.b Fertigung auf Bestellung mittels Einzelauft rägen	1) Art der Auftrags-abarbeitung - losweise Auftragsabarbeitung bis zum spätesten Liefertermin durch interne Beauftragung 2) Art der Lieferver-einbarung - Werkstücke entsprechend -Einzel- oder Wiederholaufträgen in Transportlosen bereitzustellen oder anzuliefern
C Fertigungs-art	C.c Einzel- und Klein-serienfertigung	1) Stückzahl pro Werkstück u. Jahr - geringe Stückzahlen pro Werkstück und Jahr 2) Auftragswieder-holhäufigkeit pro Jahr geringe Auftragswiederholung pro Jahr
D Mengenab-hängigkeit	D.c Keine Mengen-abhängigkeit	1) Mengenverhältnis-se der Fertigungs-aufträge unterein-ander - unabhängige oder unberücksichtigte Mengenverhältnisse 2) Komplexität der Mengenverhält-nisse - keine Komplexität relevant
E Werkstück-größe	E.b Großteile	1) Werkstückabmes-sungen u. -massen - große Werkstücke mit großer Masse 2) manuelle Werk-stückhandhabbar-keit - manuelle Handhabbarkeit eingeschränkt und erschwert 3) Größe der System-paletten - kleinste Kantenlänge mindestens 1000 mm

Tab. 47: Darstellung des FFS-Einsatztyps IV durch Auflösung des typologischen Grundmusters

FFS-Einsatztyp V		
Merkmal	Merkmalsausprägung	Größen
A Kundenauf-trag	A.b Bestellung mittels Einzelaufträgen	1) Art des Kunden-auftrages — einmaliger Bedarf an einer bestimmten Menge zu definiertem Termin oder Terminen 2) Art der Lieferver-ein-barung — Werkstücke entsprechend Einzel- oder Wiederholaufträgen in Transportlosen bereitzustellen oder anzuliefern 3) Lebensdauer pro Werkstück — meist unbekannte Lebensdauer pro Werkstück
B Fertigungs-auftrag	B.b Fertigung auf Bestellung mittels Einzelaufträgen	1) Art der Auftrags-abarbeitung — losweise Auftragsabarbeitung bis zum spätesten Liefertermin durch interne Beauftragung 2) Art der Lieferver-einbarung — Werkstücke entsprechend Einzel- oder Wiederholaufträgen in Transportlosen bereitzustellen oder anzuliefern
C Fertigungs-art	C.d Einmalfertigung	1) Stückzahl pro Werkstück u. Jahr — geringe Stückzahlen pro Werkstück und Jahr 2) Auftragswieder-holhäufigkeit pro Jahr — keine Auftragswiederholung pro Jahr
D Mengenab-hängigkeit	D.c Keine Mengen-abhängigkeit	1) Mengenverhältnis-se der Fertigungs-aufträge unterein-ander — unabhängige oder unberücksichtigte Mengenverhältnisse 2) Komplexität der Mengenverhält-nisse — keine Komplexität relevant
E Werkstück-größe	E.b Großteile	1) Werkstückabmes-sungen u. -massen — große Werkstücke mit großer Masse 2) manuelle Werk-stückhandhabbar-keit — manuelle Handhabbarkeit eingeschränkt und erschwert 3) Größe der System-paletten — kleinste Kantenlänge mindestens 1000 mm

Tab. 48: Darstellung des FFS-Einsatztyps V durch Auflösung des typologischen Grundmusters

10.4   Herleitung von Anforderungskriterien und -stufen

<u>Anforderungskriterium 1: Komplexität der TA</u>

Die Vielfalt kennzeichnet den Umfang der Teilaufgaben anhand der unterschiedlichen Teilfunktionen mit voneinander abgrenzbaren Teilzielen. Die Variabilität der Teilaufgaben beschreibt die notwendigen Umstellungen der TA-Ausführung mit anforderungsverschiedenen Bewältigungsformen.

AFS 0 geringe Anzahl von Teilfunktionen (maximal 3), keine Umstellungen erforderlich

AFS 1 geringe Anzahl von Teilfunktionen (maximal 3), geringfügige Umstellungen erforderlich

AFS 2 mittlere Anzahl von Teilfunktionen (4 - 8), geringfügige Umstellungen erforderlich

AFS 3 mittlere Anzahl von Teilfunktionen (4 - 8), erneute Situationsanpassungen erforderlich

AFS 4 große Anzahl Teilfunktionen (> 8), erneute Situationsanpassungen erforderlich

<u>Anforderungskriterium 2: Räumliche FFS-Bindung durch TA-Ausführung</u>

Die räumliche Bindung resultiert im wesentlichen aus technisch-technologischen und ausführungsbedingten Restriktionen und beschreibt die Flexibilität zur räumlichen Anordnung und Einrichtung von Arbeitsstellen bzw. -plätzen im FFS-Verantwortungsbereich oder im betrieblichen Umfeld.

AFS 0 Keine Einschränkungen bei der räumlichen Anordnung/ Einrichtung der Arbeitsstelle(n)

AFS 1 TA-Ausführung unmittelbar in FFS-Nähe sinnvoll, geringe Einschränkungen bei der räumlichen Anordnung/Einrichtung der Arbeitsstelle(n)

AFS 2 TA-Ausführung mittelbar an andere Arbeitstelle(n) gebunden, die sich unmittelbar am FFS befinden müssen (Weglänge gewichtig), mittlere Einschränkungen bei der räumlichen Anordnung/Einrichtung der Arbeitsstelle(n)

AFS 3 TA-Ausführung unmittelbar an Arbeitsstelle(n) am FFS gebunden, große Einschränkungen bei der räumlichen Anordnung/Einrichtung der Arbeitsstelle(n)

AFS 4 TA-Ausführung unmittelbar an Arbeitsstellen gebunden, die nicht in mittelbarer FFS-Nähe anordenbar/einrichtbar sind, sehr große Einschränkungen bei der Anordnung/ Einrichtung der Arbeitsstelle(n) (z. B. wegen Lärm, Klima)

<u>Anforderungskriterium 3: Einmaliger Zeitaufwand zur TA-Ausführung</u>

Durchschnittliche Dauer der zeitlichen Bindung von MA durch die einmalige TA-Ausführung:

AFS 0 Dauer maximal 15 Minuten

AFS 1 Dauer 15 -120 Minuten

AFS 2 Dauer mindestens 120 Minuten bis schichtübergreifend

AFS 3 Dauer mehrere Arbeitstage bis eine Woche

AFS 4 Dauer mehrere Wochen

<u>Anforderungskriterium 4: Wiederholungen der TA-Ausführung pro Tag</u>

Häufigkeit des TA-Ausführungsbedarfes pro dreischichtigem Arbeitstag:

AFS 0 Wiederholung nicht täglich

AFS 1 Wiederholung maximal fünfmal pro Tag

AFS 2 Wiederholung mindestens sechsmal pro Tag, aber keine permanente oder parallele TA-Ausführung erforderlich

AFS 3 Wiederholung pro Tag so hoch, daß permanente oder parallele TA-Ausführung erforderlich

AFS 4 Wiederholung pro Tag so hoch, daß permanente und parallele TA-Ausführung erforderlich

<u>Anforderungskriterium 5: Wiederholungen der TA-Ausführung pro Jahr</u>

Häufigkeit des TA-Ausführungsbedarfes pro FFS-Einsatzjahr nach Abschluß der Systemanlaufphase (Normalbetrieb):

AFS 0 Wiederholung geringer als einmal jährlich

AFS 1 Wiederholung einmal pro Jahr bis monatlich (1 - 12 mal pro Jahr)

AFS 2 Wiederholung monatlich bis wöchentlich (12 - 50 mal pro Jahr)

AFS 3 Wiederholung wöchentlich bis fast täglich (50 - 220 mal pro Jahr)

AFS 4 Wiederholung ein- bis mehrmals täglich (mindestens 220 mal pro Jahr)

<u>Anforderungskriterium 6: Zeitliche Planbarkeit der TA-Ausführung</u>

Vorhersehbarkeit des Zeitpunktes und des Zeitaufwandes zur TA-Ausführung:

AFS 0 Vorhersehbarkeit des Zeitpunktes und des Zeitaufwandes ohne Bedeutung, zeitliche Lage (z. B. Großreinigung des FFS) formal festgelegbar

AFS 1 Zeitpunkt an geplante, determiniert auftretende Anforderungen gebunden, Zeitaufwand genau abschätzbar (z. B. Werkstücke spannen bei Großserien)

AFS 2 Zeitpunkt an verteilt determiniert auftretende Anforderungen gebunden, d. h. planbar, Zeitaufwand grob abschätzbar (z. B. Großteile einfahren)

AFS 3 Zeitpunkt an zyklisch auftretende Anforderungen (Ereignisse) gebunden, Zeitaufwand grob abschätzbar (z. B. Werkzeugversorgung bei Verschleiß und Bruch)

AFS 4 Zeitpunkt an stochastisch auftretende Anforderungen (Ereignisse) gebunden, Zeitaufwand kaum abschätzbar (z. B. Reparatur)

<u>Anforderungskriterium 7: Zeitliche Bindung der TA-Ausführung</u>

Technisch und technologisch bedingte, zeitliche Festlegungen und daraus resultierende Freiheitsgrade für das zeitliche Disponieren der TA-Ausführung:

AFS 0 keine zeitliche Bindung, Zeitpunkt der TA-Ausführung innerhalb eines Tages frei wählbar

AFS 1 geringe zeitliche Bindung, Zeitpunkt der TA-Ausführung innerhalb einer Schicht frei wählbar

AFS 2 mittlere zeitliche Bindung, Zeitpunkt der TA-Ausführung innerhalb des Zeitraumes von 15 - 60 Minuten wählbar

AFS 3 hohe zeitliche Bindung durch kurze technologisch bedingte Zeitspannen, Zeitpunkt der TA-Ausführung innerhalb des Zeitraumes von 3 - 15 Minuten eingeschränkt wählbar

AFS 4 sehr hohe zeitliche Bindung durch sehr kurze technologisch bedingte Zeitspannen, Zeitpunkt der TA-Ausführung innerhalb des Zeitraumes von weniger als 3 Minuten kaum noch wählbar

<u>Anforderungskriterium 8: Kooperationsumfang zur TA-Ausführung</u>

Kooperation ist erforderlich, wenn die TA oder einzelne Teilfunktionen davon nur durch mindestens zwei MA ausführbar ist (z. B. Großteile spannen).

    AFS 0 TA ohne Kooperation ausführbar

    AFS 1 Kooperation zur Ausführung einzelner Teilfunktionen der TA selten erforderlich

    AFS 2 Kooperation zur Ausführung einzelner Teilfunktionen der TA häufig erforderlich

    AFS 3 Kooperation zur Ausführung der TA häufig erforderlich

    AFS 4 Kooperation zur Ausführung der TA stets erforderlich

<u>Anforderungskriterium 9: Kommunikation mit Externen zur TA-Ausführung</u>

Durch die TA bestimmte, notwendige Weiterleitung von Informationen und Austausch von Informationen mit Fremdbereichen und/oder -unternehmen:

    AFS 0 Keine auftragsbedingten Kommunikationserfordernisse

Auftragsbedingte Kommunikationen beinhalten überwiegend:

    AFS 1 Weitergabe/ Empfang von Informationen/ Anweisungen, Routineauskünfte (einseitig gerichtete Informationen)

    AFS 2 Abstimmung einfacher, organisatorischer Sachverhalte (z. B. zeitliche Absprachen, Beschaffung von Material, Beschaffung und Organisation von Fertigungshilfsmitteln)

    AFS 3 Abstimmung komplexer organisatorischer Sachverhalte (z. B. kurzfristig Eil- oder Ersatzaufträge steuern)

    AFS 4 wie 3 und zur Reaktion auf veränderte Parameter und Zustände im FFS-Verantwortungsbereich (z. B. Technologieoptimierung beim Einfahren von Großserien)

<u>Anforderungskriterium 10: Kenntnisse und Erfahrungen zur TA-Ausführung</u>

Kenntnisse sind durch gezielte Aus- und Weiterbildung angeeignetes und gedächtnismäßig gespeichertes Wissen zu erwerben. Erfahrungen, d.h. das empirische, praktische Wissen resultiert aus der unmittelbar tätigen Auseinandersetzung mit der TA.

Höhe der zur TA-Ausführung erforderlichen Kenntnisse und Erfahrungen über Rohteil, Werkstück, Maschinen, Einrichtungen und Fertigungshilfsmittel einschließlich technischer Unterlagen sowie über den Informations- und Materialfluß:

    AFS 0 Anlernniveau mit Arbeitserfahrung

    AFS 1 CNC-Facharbeiterniveau mit Arbeitserfahrung

    AFS 2 CNC-Facharbeiterniveau mit umfassender Arbeitserfahrung (z. B. Vorarbeiter)

    AFS 3 wie 2 mit Sozialkompetenz für Führungsaufgaben (z. B. Leitstandsführer)

    AFS 4 Niveau entspricht Spezialisierung in anderem Fachgebiet (z. B. NC-Programmierung)

<u>Anforderungskriterium 11: Fertigkeiten zur TA-Ausführung</u>

Die Fertigkeiten kommen in engem Zusammenhang mit empirischem, praktischem Wissen (Erfahrungen) zum Tragen. Höhe der erforderlichen manuellen Fertigkeit bzw. Handgeschicklichkeit, die durch Übung entsteht:

    AFS 0 keine Fertigkeitsanforderungen (z. B. Fertigungsaufträge einplanen)

    AFS 1 geringe Fertigkeitsanforderungen (z. B. Kleinteile in Festvorrichtung einlegen/spannen)

    AFS 2 mittlere Fertigkeitsanforderungen (z. B.Auswechseln von Wendeschneidplatten)

    AFS 3 hohe Fertigkeitsanforderungen (z. B. Meß- und Prüfmittelhandhabung)

    AFS 4 sehr hohe Fertigkeitsanforderungen (z. B. justieren, positionieren und spannen von
            Großteilen)

10.5 Detaillierte Gestaltungsvorschläge für FFS-Einsatztyp I

Teilaufgabe / Ausführende		Fertigungsaufträge vorbereiten TA 1	Fertigungsaufträge einplanen TA 2	Fertigungsaufträge steuern TA 3	FFS wieder in Betrieb nehmen TA 4	Aufträge einfahren TA 5	Umrüsten bei Auftragswechsel TA 6
Tag-schicht	AV	O selten					
	PR	O selten				□ selten	
	WP	O selten					
	PW	O selten					
	QW	O selten					
	VB/VBU	O selten					O □ selten
	WL/WS	O selten					
	LO		O				
	ME°		□	□			
Früh-schicht	MR						
	IH						
	V* 1		□	■ ▽	■	■ ▽ ✳ selten	■ ▽ ✳ selten
	V* 2				■	■ ▽ ✳ selten	■ ▽ ✳ selten
	A*1-S						
	A* 1						
	A* 2						
	H*1						
Spät-schicht	MR						
	IH						
	V* 1			(■)			
	V* 2						
	A*-S						
	A* 1						
	A* 2						
	H* 1						
Nacht-schicht	MR						
	IH°°						
	V* 1			(■)			
	V* 2						
	A*-S						
	A* 1						
	A* 2						
	H* 1						

Legende:

AV	Arbeitsvorbereitung	PR	NC-Programmierung
WP	Werksplanung	PW	Personalwesen
QW	Qualitätswesen	VB(U)	Vorrichtungsbau (-unternehmen)
WL(S)	Werkzeuglager (-schleiferei)	LO	Logistik
ME	Meister	MR	Meßraum
IH	Instandhaltung	RSU	Reinigungsserviceunternehmen
V* 1	fiktiver Vorarbeiter (primär TA 3, 4, 7, 17)	V* 2	fiktiver Vorarbeiter (primär TA 4, 9, 14)
A* 1	fiktiver Aufspanner (primär TA 10, 13)	A* 2	fiktiver Aufspanner (primär TA 12, 13)
A*1-S	fiktiver Springer für Aufspanner	H* 1	fiktive Hilfskraft
■	Hauptaufgabe im FFS-Bereich ausgeführt	□	Nebenaufgabe im FFS-Bereich ausgeführt
▽	Unterstützung bedarfsweise beansprucht	O	Teilaufgabe extern ausgeführt
°	Gleitzeit	°°	Abrufbereitschaft
( )	nach Möglichkeit zu vermeiden	✳	komplizierte Ausführungen konzentriert

Tab. 49: Schichtartdifferenzierte Arbeitsorganisation des FFS-Einsatztyps I (TA 1-6)

	Teilaufgabe	WZ-Wechsel vor- und nachbereiten	WZ wechseln bei Auftragswechsel	WZ wechseln bei Verschleiß	Werkstücke spannen oder palettieren	Werkstücke entgraten und reinigen	TA an Nebenmasch. u. -plätzen
Ausführende		TA 7	TA 8	TA 9	TA 10	TA 11	TA 12
Tag-schicht	AV						
	PR						
	WP						
	PW						
	QW						
	VB/VBU						
	WL/WS	O					
	LO						
	ME°						
Früh-schicht	MR						
	IH						
	V* 1	■ ∇	□ ✱ selten	□			
	V* 2		■ ✱ selten	■			
	A*1-S				■	□	□
	A* 1				■		
	A* 2						■
	H*1					■	■
Spät-schicht	MR						
	IH						
	V* 1	■		□			
	V* 2			■			
	A*-S				■	□	□
	A* 1				■		
	A* 2						■
	H* 1					■	■
Nacht-schicht	MR						
	IH°°						
	V* 1	■		□			
	V* 2			■			
	A*-S				■	□	□
	A* 1				■		
	A* 2						■
	H* 1					■	■
Sonder-schicht	RSU						
	V*1 o. V* 2						

Legende:

AV	Arbeitsvorbereitung	PR	NC-Programmierung
WP	Werksplanung	PW	Personalwesen
QW	Qualitätswesen	VB(U)	Vorrichtungsbau (-unternehmen)
WL(S)	Werkzeuglager (-schleiferei)	LO	Logistik
ME	Meister	MR	Meßraum
IH	Instandhaltung	RSU	Reinigungsserviceunternehmen
V* 1	fiktiver Vorarbeiter (primär TA 3, 4, 7, 17)	V* 2	fiktiver Vorarbeiter (primär TA 4, 9, 14)
A* 1	fiktiver Aufspanner (primär TA 10, 13)	A* 2	fiktiver Aufspanner (primär TA 12, 13)
A*1-S	fiktiver Springer für Aufspanner	H* 1	fiktive Hilfskraft
■	Hauptaufgabe im FFS-Bereich ausgeführt	□	Nebenaufgabe im FFS-Bereich ausgeführt
∇	Unterstützung bedarfsweise beansprucht	O	Teilaufgabe extern ausgeführt
°	Gleitzeit	°°	Abrufbereitschaft
( )	nach Möglichkeit zu vermeiden	✱	komplizierte Ausführungen konzentriert

Tab. 50: Schichtartdifferenzierte Arbeitsorganisation des FFS-Einsatztyps I (TA 7-12)

Ausführende		Werkstücke prüfen und beurteilen TA 13	Eingreifen bei Qualitätsabweichung TA 14	Instandhalten und Warten TA 15	FFS umfassend reinigen TA 16	FFS-Personal planen und führen TA 17
Tagschicht	AV					
	PR					
	WP					
	PW					
	QW					
	VB/VBU					
	WL/WS					
	LO					
	ME°					□
Frühschicht	MR	O				
	IH			■		
	V* 1		□	□		■ ∇ 1 MA
	V* 2	□	■	□		
	A*1-S	■	□	□		
	A* 1	■				
	A* 2	■				
	H*1					
Spätschicht	MR	O				
	IH			■		
	V* 1		□	□		■ ∇ 1 MA
	V* 2	□	■	□		
	A*-S	■	□	□		
	A* 1	■				
	A* 2	■				
	H* 1					
Nachtschicht	MR	O				
	IH°°			■		
	V* 1		□	□		■ 1 MA
	V* 2	□	■	□		
	A*-S	■	□	□		
	A* 1	■				
	A* 2	■				
	H* 1					
Sonderschicht	RSU				■ ∇	
	V*1 o. V* 2				□ 1-2 MA	

Legende:

AV	Arbeitsvorbereitung	PR	NC-Programmierung
WP	Werksplanung	PW	Personalwesen
QW	Qualitätswesen	VB(U)	Vorrichtungsbau (-unternehmen)
WL(S)	Werkzeuglager (-schleiferei)	LO	Logistik
ME	Meister	MR	Meßraum
IH	Instandhaltung	RSU	Reinigungsserviceunternehmen
V* 1	fiktiver Vorarbeiter (primär TA 3, 4, 7, 17)	V* 2	fiktiver Vorarbeiter (primär TA 4, 9, 14)
A* 1	fiktiver Aufspanner (primär TA 10, 13)	A* 2	fiktiver Aufspanner (primär TA 12, 13)
A*1-S	fiktiver Springer für Aufspanner	H* 1	fiktiver Hilfskraft
■	Hauptaufgabe im FFS-Bereich ausgeführt	□	Nebenaufgabe im FFS-Bereich ausgeführt
∇	Unterstützung bedarfsweise beansprucht	O	Teilaufgabe extern ausgeführt
°	Gleitzeit	°°	Abrufbereitschaft
( )	nach Möglichkeit zu vermeiden	✳	komplizierte Ausführungen konzentriert

Tab. 51: Schichtartdifferenzierte Arbeitsorganisation des FFS-Einsatztyps I (TA 13-17)

10.6 Detaillierte Gestaltungsvorschläge für FFS-Einsatztyp II

Ausführende	Teilaufgabe	Fertigungs-aufträge vorbereiten TA 1	Fertigungs-aufträge einplanen TA 2	Fertigungs-aufträge steuern TA 3	FFS wieder in Betrieb nehmen TA 4	Aufträge einfahren TA 5	Umrüsten bei Auftrags-wechsel TA 6
Tag-schicht	AV	○ selten					
	PR	○ selten				□ selten	
	WP	○ selten					
	PW	○ selten					
	QW	○ selten					
	VB/VBU	○ selten					○ □ selten
	WL/WS						
Früh-schicht	MR						
	IH						
	S* 1		■ ❖	■ ❖	■	■ ▽ ✳ selten	□ selten
	V* 1					□ selten	
	V* 2				■	■ ▽ ✳ selten	■ ▽ ✳ selten
	A*1-S						
	A* 1						
	H* 1						
Spät-schicht	MR						
	IH						
	S* 1		■	■			
	V* 1						
	V* 2						
	A*1-S						
	A* 1						
	H* 1						
Nacht-schicht	MR		·				
	IH°°						
	V* 2			(■)			
	A*1-S						
	A* 1						
	H* 1						
Sonder-schicht	RSU						
	S* 1, V* 1 o. V* 2						

Legende:

AV	Arbeitsvorbereitung	PR	NC-Programmierung
WP	Werksplanung	PW	Personalwesen
QW	Qualitätswesen	VB(U)	Vorrichtungsbau (-unternehmen)
WL(S)	Werkzeuglager (-schleiferei)	MR	Meßraum
IH	Instandhaltung	RSU	Reinigungsserviceunternehmen
S* 1	fiktiver Systemführer	V* 1	fiktiver Vorarbeiter (primär TA 7, 9)
V* 2	fiktiver Vorarbeiter (primär TA 9, 14)	A*1-S	fiktiver Springer für Aufspanner
A* 1	fiktiver Aufspanner	H* 1	fiktive Hilfskraft
■	Hauptaufgabe im Bereich ausgeführt	□	Nebenaufgabe im Bereich ausgeführt
▽	Unterstützung bedarfsweise beansprucht	○	Teilaufgabe extern ausgeführt
°°	Abrufbereitschaft	( )	nach Möglichkeit zu vermeiden
❖	aufwandsseitige Konzentration	✳	komplizierte Ausführungen konzentriert

Tab. 52: Schichtartdifferenzierte Arbeitsorganisation des FFS-Einsatztyps II (TA 1-6)

Teilaufgabe / Ausführende		WZ-Wechsel vor- und nachbereiten TA 7	WZ wechseln bei Auftragswechsel TA 8	WZ wechseln bei Verschleiß TA 9	Werkstücke spannen oder palettieren TA 10	Werkstücke entgraten und reinigen TA 11	TA an Nebenmasch. u. -plätzen TA 12
Tag-schicht	AV						
	PR						
	WP						
	PW						
	QW						
	VB/VBU						
	WL/WS	O					
Früh-schicht	MR						
	IH						
	S* 1	□	□ selten	□			
	V* 1	■ ▽ ❖	□ selten	■			
	V* 2		■ ✳ selten	■ ❖			
	A*1-S				■	□	
	A* 1				■	□	
	H* 1					■	■
Spät-schicht	MR						
	IH						
	S* 1	□		□			
	V* 1	■ ❖	□ selten	■			
	V* 2		■ ✳ selten	■ ❖			
	A*1-S				■	□	
	A* 1				■	□	
	H* 1					■	■
Nacht-schicht	MR						
	IH°°						
	V* 2	(□)		(■)			
	A*1-S				■	□	
	A* 1				■	□	
	H* 1					■	■
Sonder-schicht	RSU						
	S* 1, V* 1 o. V* 2						

Legende:

AV	Arbeitsvorbereitung	PR	NC-Programmierung
WP	Werksplanung	PW	Personalwesen
QW	Qualitätswesen	VB(U)	Vorrichtungsbau (-unternehmen)
WL(S)	Werkzeuglager (-schleiferei)	MR	Meßraum
IH	Instandhaltung	RSU	Reinigungsserviceunternehmen
S* 1	fiktiver Systemführer	V* 1	fiktiver Vorarbeiter (primär TA 7, 9)
V* 2	fiktiver Vorarbeiter (primär TA 9, 14)	A*1-S	fiktiver Springer für Aufspanner
A* 1	fiktiver Aufspanner	H* 1	fiktive Hilfskraft
■	Hauptaufgabe im Bereich ausgeführt	□	Nebenaufgabe im Bereich ausgeführt
▽	Unterstützung bedarfsweise beansprucht	O	Teilaufgabe extern ausgeführt
°°	Abrufbereitschaft	( )	nach Möglichkeit zu vermeiden
❖	aufwandsseitige Konzentration	✳	komplizierte Ausführungen konzentriert

Tab. 53: Schichtartdifferenzierte Arbeitsorganisation des FFS-Einsatztyps II (TA 7-12)

Ausführende / Teilaufgabe		Werkstücke prüfen und beurteilen TA 13	Eingreifen bei Qualitätsabweichung TA 14	Instandhalten und Warten TA 15	FFS umfassend reinigen TA 16	FFS-Personal planen und führen TA 17
Tagschicht	AV					
	PR					
	WP					
	PW					
	QW					
	VB/VBU					
	WL/WS					
Frühschicht	MR	O				
	IH			■		
	S* 1		□	□		■
	V* 1					
	V* 2	□	■	□		
	A*1-S	■	□	□		
	A* 1	■	□			
	H* 1					
Spätschicht	MR	O				
	IH			■		
	S* 1		□	□		■
	V* 1					
	V* 2	□	■	□		
	A*1-S	■	□	□		
	A* 1	■	□			
	H* 1					
Nachtschicht	MR	O				
	IH°°			■		
	V* 2	□	■	□		(□) 1 MA
	A*1-S	■	□	□		
	A* 1	■	□			
	H* 1					
Sonderschicht	RSU				■ V	
	S* 1, V* 1 o. V* 2				□ 1 - 2 MA	

Legende:

AV	Arbeitsvorbereitung	PR	NC-Programmierung
WP	Werksplanung	PW	Personalwesen
QW	Qualitätswesen	VB(U)	Vorrichtungsbau (-unternehmen)
WL(S)	Werkzeuglager (-schleiferei)	MR	Meßraum
IH	Instandhaltung	RSU	Reinigungsserviceunternehmen
S* 1	fiktiver Systemführer	V* 1	fiktiver Vorarbeiter (primär TA 7, 9)
V* 2	fiktiver Vorarbeiter (primär TA 9, 14)	A*1-S	fiktiver Springer für Aufspanner
A* 1	fiktiver Aufspanner	H* 1	fiktive Hilfskraft
■	Hauptaufgabe im Bereich ausgeführt	□	Nebenaufgabe im Bereich ausgeführt
V	Unterstützung bedarfsweise beansprucht	O	Teilaufgabe extern ausgeführt
°°	Abrufbereitschaft	( )	nach Möglichkeit zu vermeiden
❖	aufwandsseitige Konzentration	✳	komplizierte Ausführungen konzentriert

Tab. 54: Schichtartdifferenzierte Arbeitsorganisation des FFS-Einsatztyps II (TA 13-17)

10.7 Detaillierte Gestaltungsvorschläge für FFS-Einsatztyp III

	Teilaufgabe	Fertigungs-aufträge vorbereiten	Fertigungs-aufträge einplanen	Fertigungs-aufträge steuern	FFS wieder in Betrieb nehmen	Aufträge einfahren	Umrüsten bei Auftrags-wechsel
Ausführende		TA 1	TA 2	TA 3	TA 4	TA 5	TA 6
Tag-schicht	AV	○					
	PR	○				□	
	QW	○					
	VB	○					○
	WL/WS	○					
	KB						
	EG						
	E* 1						
Früh-schicht	K*/MR						
	IH						
	S* 1		■ ❖	■	■		
	V* 1				■	■ ▽ ❖ ✳	□
	B* 1						■ ❖
Spät-schicht	K*/MR						
	IH						
	S* 1		■	■			
	V* 1					(■)	□
	B* 1						■ ❖
Nacht-schicht	K*/MR						
	IH°°						
	V* 1			(■)			
	B* 1						(■)
Sonder-schicht	RSU						
	S* 1 o. V* 1						

Legende:

AV	Arbeitsvorbereitung		PR	NC-Programmierung
QW	Qualitätswesen		VB	Vorrichtungsbau
WL(S)	Werkzeuglager (-schleiferei)		KB	Komplettbearbeitungsbereich
EG	Entgraterei/Wäscherei		MR	Meßraum
IH	Instandhaltung		RSU	Reinigungsserviceunternehmen
E*1	fiktiver Einsteller der Werkzeuge		S* 1	fiktiver Systemführer
V* 1	fiktiver Vorarbeiter		B* 1	fiktiver Bediener
K* 1	fiktiver Kontrolleur		○	Teilaufgabe extern ausgeführt
■	Hauptaufgabe im FFS-Bereich ausgeführt		°°	Abrufbereitschaft
□	Nebenaufgabe im FFS-Bereich ausgeführt		( )	nach Möglichkeit zu vermeiden
▽	Unterstützung bedarfsweise beansprucht		❖	aufwandsseitige Konzentration
✳	komplizierte Ausführungen konzentriert			

Tab. 55: Schichtartdifferenzierte Arbeitsorganisation des FFS-Einsatztyps III (TA 1-6)

Ausführende	Teilaufgabe	WZ-Wechsel vor- und nachbereiten TA 7	WZ wechseln bei Auftragswechsel TA 8	WZ wechseln bei Verschleiß TA 9	Werkstücke spannen oder palettieren TA 10	Werkstücke entgraten und reinigen TA 11	TA an Nebenmasch. u. -plätzen TA 12
Tag-schicht	AV						
	PR						
	QW						
	VB						
	WL/WS	O					
	KB						O
	EG					O	
	E* 1	■ ∇ ❖	■ ❖ o. □	■ ❖ o. □			
Früh-schicht	K*/MR						
	IH						
	S* 1	□					
	V* 1		□ o. ■ ❖	□ o. ■ ❖			
	B* 1				■	□	
Spät-schicht	K*/MR						
	IH						
	S* 1	□					
	V* 1	(□)	■	■			
	B* 1				■ ❖	□	
Nacht-schicht	K*/MR						
	IH°°						
	V* 1	(□)	(□)	(■)	(□)		
	B* 1				(■)	(□)	
Sonder-schicht	RSU						
	S* 1 o. V* 1						

Legende:

AV	Arbeitsvorbereitung	PR	NC-Programmierung
QW	Qualitätswesen	VB	Vorrichtungsbau
WL(S)	Werkzeuglager (-schleiferei)	KB	Komplettbearbeitungsbereich
EG	Entgraterei/Wäscherei	MR	Meßraum
IH	Instandhaltung	RSU	Reinigungsserviceunternehmen
E*1	fiktiver Einsteller der Werkzeuge	S* 1	fiktiver Systemführer
V* 1	fiktiver Vorarbeiter	B* 1	fiktiver Bediener
K* 1	fiktiver Kontrolleur	O	Teilaufgabe extern ausgeführt
■	Hauptaufgabe im FFS-Bereich ausgeführt	°°	Abrufbereitschaft
□	Nebenaufgabe im FFS-Bereich ausgeführt	( )	nach Möglichkeit zu vermeiden
∇	Unterstützung bedarfsweise beansprucht	❖	aufwandsseitige Konzentration
✱	komplizierte Ausführungen konzentriert		

Tab. 56. Schichtartdifferenzierte Arbeitsorganisation des FFS-Einsatztyps III (TA 7-12)

	Teilaufgabe	Werkstücke prüfen und beurteilen	Eingreifen bei Qualitäts-abweichung	Instandhal-ten und Warten	FFS umfassend reinigen	FFS-Personal planen und führen
Ausführende		TA 13	TA 14	TA 15	TA 16	TA 17
Tag-schicht	AV					
	PR					
	QW					
	VB					
	WL/WS					
	KB					
	EG					
	E* 1					
Früh-schicht	K*/MR	■ o. O				
	IH			■		
	S* 1			□		■
	V* 1		■	□		
	B* 1	□ o. ■	□	□		
Spät-schicht	K*/MR	■ oO				
	IH			■		
	S* 1			□		■
	V* 1		■	□		
	B* 1	□ o. ■	□	□		
Nacht-schicht	K*/MR	(□ o. O)				
	IH°°			■		
	V* 1	(□)	(■)	□		(□) 1 MA
	B* 1	(□ o. ■)	(□)	□		
Sonder-schicht	RSU				■ ▽	
	S* 1 o. V* 1				□ 1 - 2 MA	

Legende:

AV	Arbeitsvorbereitung		PR	NC-Programmierung
QW	Qualitätswesen		VB	Vorrichtungsbau
WL(S)	Werkzeuglager (-schleiferei)		KB	Komplettbearbeitungsbereich
EG	Entgraterei/Wäscherei		MR	Meßraum
IH	Instandhaltung		RSU	Reinigungsserviceunternehmen
E*1	fiktiver Einsteller der Werkzeuge		S* 1	fiktiver Systemführer
V* 1	fiktiver Vorarbeiter		B* 1	fiktiver Bediener
K* 1	fiktiver Kontrolleur		O	Teilaufgabe extern ausgeführt
■	Hauptaufgabe im FFS-Bereich ausgeführt		°°	Abrufbereitschaft
□	Nebenaufgabe im FFS-Bereich ausgeführt		( )	nach Möglichkeit zu vermeiden
▽	Unterstützung bedarfsweise beansprucht		❖	aufwandsseitige Konzentration
✱	komplizierte Ausführungen konzentriert			

Tab. 57: Schichtartdifferenzierte Arbeitsorganisation des FFS-Einsatztyps III (TA 13-17)

10.8 Detaillierte Gestaltungsvorschläge für FFS-Einsatztyp IV

Ausführende	Teilaufgabe	Fertigungs-aufträge vorbereiten TA 1	Fertigungs-aufträge einplanen TA 2	Fertigungs-aufträge steuern TA 3	FFS wieder in Betrieb nehmen TA 4	Aufträge einfahren TA 5	Umrüsten bei Auftrags-wechsel TA 6
Tag-schicht	AV	O					
	PR°	O				□	
	QW	O					
	VB	O					O
	WL/WS	O					
	KB						
	EG						
	E* 1						
Früh-schicht	MR						
	IH						
	S*1		■ ❖	■	■		
	B* 1				■	■ ▽ ❖ ✳	
	B* 2						□
	R*1						■ !
	N* 1						
Spät-schicht	MR						
	IH						
	S* 1		■	■			
	B* 1					(■)	
	B* 2						□
	R* 1						■ ❖
	N* 1						
Nacht-schicht	IH°°						
	B* 1			(■) 1 MA			
	B* 2						(■)
	(N* 1)						
Sonder-schicht	RSU						
	S* 1, B* 1 o. B* 2						

Legende:

AV	Arbeitsvorbereitung	PR	NC-Programmierung
VB	Vorrichtungsbau	QW	Qualitätswesen
WL(S)	Werkzeuglager (-schleiferei)	KB	Komplettbearbeitungsbereich
EG	Entgraterei/Wäscherei	MR	Meßraum
IH	Instandhaltung	RSU	Reinigungsserviceunternehmen
E* 1	fiktiver Einsteller der Werkzeuge	S*1	fiktiver Systemführer
B* 1	fiktiver Bediener (primär TA 5, 8, 9, 14)	B* 2	fiktiver Bediener (primär TA 10, 13)
R* 1	fiktiver Vorrichtungsrüster	N* 1	fiktiver Nebenmaschinenbediener
■	Hauptaufgabe im FFS-Bereich ausgeführt	O	Teilaufgabe extern ausgeführt
□	Nebenaufgabe im FFS-Bereich ausgeführt	°	Gleitzeit
▽	Unterstützung bedarfsweise beansprucht	°°	Abrufbereitschaft
( )	nach Möglichkeit zu vermeiden	❖	aufwandsseitige Konzentration
✳	komplizierte Ausführungen konzentriert		

Tab. 58: Schichtartdifferenzierte Arbeitsorganisation des FFS-Einsatztyps IV (TA 1 - 6)

Ausführende	Teilaufgabe	WZ-Wechsel vor- und nachbereiten TA 7	WZ wechseln bei Auftragswechsel TA 8	WZ wechseln bei Verschleiß TA 9	Werkstücke spannen oder palettieren TA 10	Werkstücke entgraten und reinigen TA 11	TA an Nebenmasch. u. -plätzen TA 12
Tag-schicht	AV						
	PR°						
	QW						
	VB						
	WL/WS	○					
	KB						○
	EG					○	
	E* 1	■ ▽ ❖	□ oder ■ ❖	□ oder ■ ❖			
Früh-schicht	MR						
	IH						
	S*1	□					
	B* 1		■ ❖ oder □	■ ❖ oder □			
	B* 2				■	□	
	R*1				□		
	N* 1				□	□	■
Spät-schicht	MR						
	IH						
	S* 1	□					
	B* 1	(□)	■	■			
	B* 2				■ ❖	□	
	R* 1				□	□	
	N* 1				□	□	■
Nacht-schicht	IH°°						
	B* 1	(□)	(□)	(■)	(□)		
	B* 2				(■)	(□)	
	(N* 1)				(□)	(□)	(■)
Sonder-schicht	RSU						
	S* 1, B* 1 o. B* 2						

Legende:

AV	Arbeitsvorbereitung	PR	NC-Programmierung
VB	Vorrichtungsbau	QW	Qualitätswesen
WL(S)	Werkzeuglager (-schleiferei)	KB	Komplettbearbeitungsbereich
EG	Entgraterei/Wäscherei	MR	Meßraum
IH	Instandhaltung	RSU	Reinigungsserviceunternehmen
E* 1	fiktiver Einsteller der Werkzeuge	S*1	fiktiver Systemführer
B* 1	fiktiver Bediener (primär TA 5, 8, 9, 14)	B* 2	fiktiver Bediener (primär TA 10, 13)
R* 1	fiktiver Vorrichtungsrüster	N* 1	fiktiver Nebenmaschinenbediener
■	Hauptaufgabe im FFS-Bereich ausgeführt	○	Teilaufgabe extern ausgeführt
□	Nebenaufgabe im FFS-Bereich ausgeführt	°	Gleitzeit
▽	Unterstützung bedarfsweise beansprucht	°°	Abrufbereitschaft
( )	nach Möglichkeit zu vermeiden	❖	aufwandsseitige Konzentration
✱	komplizierte Ausführungen konzentriert		

Tab. 59: Schichtartdifferenzierte Arbeitsorganisation des FFS-Einsatztyps IV (TA 7 - 12)

	Teilaufgabe	Werkstücke prüfen und beurteilen	Eingreifen bei Qualitätsabweichung	Instandhalten und Warten	FFS umfassend reinigen	FFS-Personal planen und führen
	Ausführende	TA 13	TA 14	TA 15	TA 16	TA 17
Tagschicht	AV					
	PR°					
	QW					
	VB					
	WL/WS					
	KB					
	EG					
	E* 1					
Frühschicht	MR	○ ◆ (□)				
	IH			■		
	S* 1			□		■
	B* 1	(□)	■	□		
	B* 2	■ (▽)	□	□		
	R* 1					
	N* 1					
Spätschicht	MR	○ (□)				
	IH			■		
	S* 1			□		■
	B* 1	(□)	■	□		
	B* 2	■ (▽)	□	□		
	R* 1					
	N* 1					
Nachtschicht	IH°°			■		
	B* 1	(□)	(■)	□		(□) 1 MA
	B* 2	(■)	(□)	□		
	(N* 1)					
Sonderschicht	RSU				■ ▽	
	S* 1, B* 1 o. B* 2				□ 1 - 2 MA	

Legende:

AV	Arbeitsvorbereitung	PR	NC-Programmierung
VB	Vorrichtungsbau	QW	Qualitätswesen
WL(S)	Werkzeuglager (-schleiferei)	KB	Komplettbearbeitungsbereich
EG	Entgraterei/Wäscherei	MR	Meßraum
IH	Instandhaltung	RSU	Reinigungsserviceunternehmen
E* 1	fiktiver Einsteller der Werkzeuge	S*1	fiktiver Systemführer
B* 1	fiktiver Bediener (primär TA 5, 8, 9, 14)	B* 2	fiktiver Bediener (primär TA 10, 13)
R* 1	fiktiver Vorrichtungsrüster	N* 1	fiktiver Nebenmaschinenbediener
■	Hauptaufgabe im FFS-Bereich ausgeführt	○	Teilaufgabe extern ausgeführt
□	Nebenaufgabe im FFS-Bereich ausgeführt	°	Gleitzeit
▽	Unterstützung bedarfsweise beansprucht	°°	Abrufbereitschaft
( )	nach Möglichkeit zu vermeiden	◆	aufwandsseitige Konzentration
✳	komplizierte Ausführungen konzentriert		

Tab. 60: Schichtartdifferenzierte Arbeitsorganisation des FFS-Einsatztyps IV (TA 13 - 17)

180

10.9 Detaillierte Gestaltungsvorschläge für FFS-Einsatztyp V

Ausführende	Teilaufgabe	Fertigungs- aufträge vorbereiten TA 1	Fertigungs- aufträge einplanen TA 2	Fertigungs- aufträge steuern TA 3	FFS wieder in Betrieb nehmen TA 4	Aufträge einfahren TA 5	Umrüsten bei Auftrags- wechsel TA 6
Tag- schicht	AV	○					
	PR°	○				□	
	VB	○					○ selten
	WL/WS						
	KB						
	EG						
	E* 1						
Früh- schicht	MR						
	IH						
	S*1		■	■	■		
	B* 1				■	■ ∇	(□)
	B* 2						■ ∇
Spät- schicht	MR						
	IH						
	PR°°					□	
	S* 1		■	■			
	B* 1					■ +	(□)
	B* 2						■ ∇
Nacht- schicht	MR						
	IH°°						
	B* 1			(■) 1MA		■	(□)
	B* 2						■
Sonder- schicht	RSU						
	S*1, B* 1 o. B* 2						

Legende:

AV	Arbeitsvorbereitung	PR	NC-Programmierung
VB	Vorrichtungsbau	WL(S)	Werkzeuglager (-schleiferei)
MR	Meßraum	KB	Komplettbearbeitungsbereich
EG	Entgraterei/Wäscherei	IH	Instandhaltung
RSU	Reinigungsserviceunternehmen	E* 1	fiktiver Einsteller der Werkzeuge
S* 1	fiktiver Systemführer	B* 1	fiktiver Bediener (primär TA 5, 9, 14)
B* 2	fiktiver Bediener (primär TA 6, 10, 13)	○	Teilaufgabe extern ausgeführt
■	Hauptaufgabe im FFS-Bereich ausgeführt	°	Gleitzeit
□	Nebenaufgabe im FFS-Bereich ausgeführt	°°	Abrufbereitschaft
∇	Unterstützung bedarfsweise beansprucht	( )	nach Möglichkeit zu vermeiden
❈	komplizierte Ausführungen konzentriert	❖	aufwandsseitige Konzentration

Tab. 61: Schichtartdifferenzierte Arbeitsorganisation des FFS-Einsatztyps V (TA 1 - 6)

	Teilaufgabe	WZ-Wechsel vor- und nachbereiten	WZ wechseln bei Auftragswechsel	WZ wechseln bei Verschleiß	Werkstücke spannen oder palettieren	Werkstücke entgraten und reinigen	TA an Nebenmasch. u. -plätzen
Ausführende		TA 7	TA 8	TA 9	TA 10	TA 11	TA 12
Tag-schicht	AV						
	PR°						
	VB						
	WL/WS	○					
	KB						○
	EG					○	
	E* 1	■ ▽ ❖	■ ❖	■ ❖	□		
Früh-schicht	MR						
	IH						
	S*1	□					
	B* 1		□	□			
	B* 2				■		
Spät-schicht	MR						
	IH						
	PR°°						
	S* 1	□					
	B* 1	(□)	(□	□	□		
	B* 2				■		
Nacht-schicht	MR						
	IH°°						
	B* 1	(□)	(■)	(■)	(□)		
	B* 2				■		
Sonder-schicht	RSU						
	S*1, B* 1 o. B* 2						

Legende:

AV	Arbeitsvorbereitung	PR	NC-Programmierung
VB	Vorrichtungsbau	WL(S)	Werkzeuglager (-schleiferei)
MR	Meßraum	KB	Komplettbearbeitungsbereich
EG	Entgraterei/Wäscherei	IH	Instandhaltung
RSU	Reinigungsserviceunternehmen	E* 1	fiktiver Einsteller der Werkzeuge
S* 1	fiktiver Systemführer	B* 1	fiktiver Bediener (primär TA 5, 9, 14)
B* 2	fiktiver Bediener (primär TA 6, 10, 13)	○	Teilaufgabe extern ausgeführt
■	Hauptaufgabe im FFS-Bereich ausgeführt	°	Gleitzeit
□	Nebenaufgabe im FFS-Bereich ausgeführt	°°	Abrufbereitschaft
▽	Unterstützung bedarfsweise beansprucht	( )	nach Möglichkeit zu vermeiden
❋	komplizierte Ausführungen konzentriert	❖	aufwandsseitige Konzentration

Tab. 62: Schichtartdifferenzierte Arbeitsorganisation des FFS-Einsatztyps V (TA7 - 12)

Ausführende / Teilaufgabe	Werkstücke prüfen und beurteilen TA 13	Eingreifen bei Qualitätsabweichung TA 14	Instandhalten und Warten TA 15	FFS umfassend reinigen TA 16	FFS-Personal planen und führen TA 17
Tagschicht AV					
PR°					
VB					
WL/WS					
KB					
EG					
E* 1					
Frühschicht MR	○ □				
IH			■		
S*1		□	□		■
B* 1	(□)	■	□		
B* 2	■ ∇	□	□		
Spätschicht MR	○ □				
IH			■		
PR°°					
S* 1		□	□		■
B* 1	(□)	■	□		
B* 2	■ ∇	□	□		
Nachtschicht MR	○ □				
IH°°			■		
B* 1	(□)	■	□		(□) 1 MA
B* 2	■ ∇	□	□		
Sonderschicht RSU				■ ∇	
S*1, B* 1 o. B* 2				□ 1MA	

Legende:

AV	Arbeitsvorbereitung	PR	NC-Programmierung
VB	Vorrichtungsbau	WL(S)	Werkzeuglager (-schleiferei)
MR	Meßraum	KB	Komplettbearbeitungsbereich
EG	Entgraterei/Wäscherei	IH	Instandhaltung
RSU	Reinigungsserviceunternehmen	E* 1	fiktiver Einsteller der Werkzeuge
S* 1	fiktiver Systemführer	B* 1	fiktiver Bediener (primär TA 5, 9, 14)
B* 2	fiktiver Bediener (primär TA 6, 10, 13)	○	Teilaufgabe extern ausgeführt
■	Hauptaufgabe im FFS-Bereich ausgeführt	°	Gleitzeit
□	Nebenaufgabe im FFS-Bereich ausgeführt	°°	Abrufbereitschaft
∇	Unterstützung bedarfsweise beansprucht	( )	nach Möglichkeit zu vermeiden
✳	komplizierte Ausführungen konzentriert	❖	aufwandsseitige Konzentration

Tab. 63: Schichtartdifferenzierte Arbeitsorganisation des FFS-Einsatztyps V (TA 13 -17)

10.10 Weitere Daten und Ergebnisse des Fallbeispiels

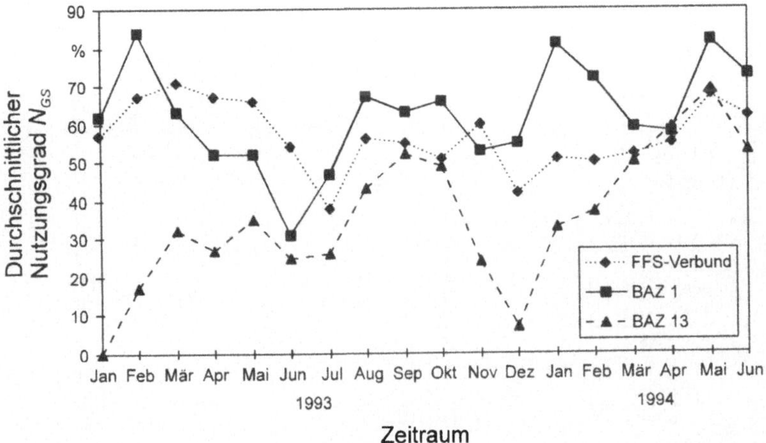

Bild 36: Gesamtnutzungsgrad FFS-Verbund N_{GS} und einzelner Bearbeitungszentren (BAZ) N_G

Lösung 2:

	Frühschicht			Spätschicht			Nachtschicht		

	FFS 1+4	FFS 2+3	ges.		FFS 1+4	FFS 2+3	ges.		FFS 1+4	FFS 2+3	ges.
Systemführer S*	0,5	0,5	1	S*	0,5	0,5	1	S*	0,5	0,5	1
Vorarbeiter V*	1	1	2	V*	0,5	0,5	1	V*	0,5	0,5	1
Aufspanner A*	2	2	4	A*	2	2	4	A*	2	2	4
Springer A*-S	-	-	-	A*-S	-	-	-	A*-S	-	-	-
Hilfskraft H*	1	1	2	H*	1	1	2	H*	1	1	2
Personalstärke gesamt			9				8				8

Legende:
a	Werkstückspannplatz	d	Durchlaufwaschmaschine mit Abpreßbecken
b	Leitstand		
c	Werkzeugvoreinstellraum	e	Meßautomat

Bild 37: Arbeitsorganisations- und Personaleinsatzlösung L 2

Lösung 3:

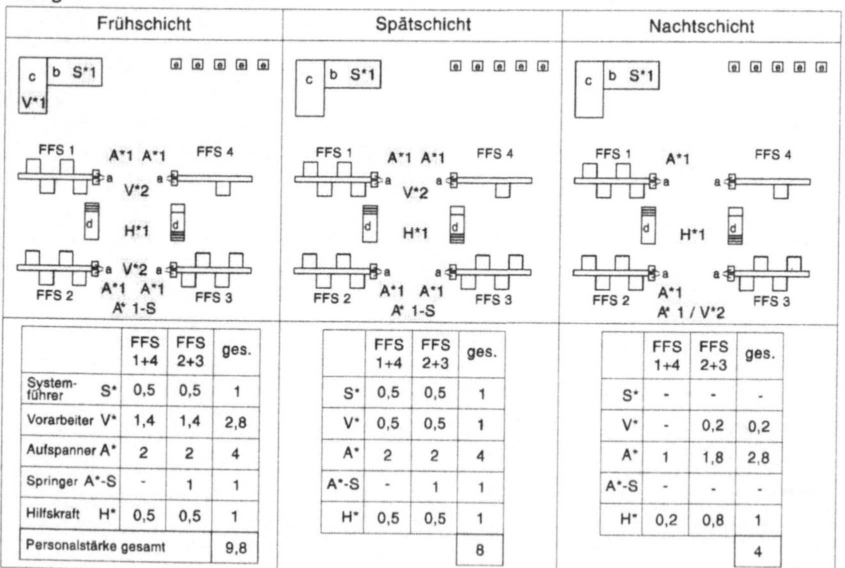

Lösung 3

Frühschicht

	FFS 1+4	FFS 2+3	ges.
Systemführer S*	0,5	0,5	1
Vorarbeiter V*	1	1	2
Aufspanner A*	1	2	3
Springer A*-S	-	-	-
Hilfskraft H*	1	1	2
Personalstärke gesamt			8

Spätschicht

	FFS 1+4	FFS 2+3	ges.
S*	0,5	0,5	1
V*	0,5	0,5	1
A*	1	2	3
A*-S	-	-	-
H*	1	1	2
			7

Nachtschicht

	FFS 1+4	FFS 2+3	ges.
S*	0,5	0,5	1
V*	0,5	0,5	1
A*	1	2	3
A*-S	-	-	-
H*	1	1	2
			7

Lösung 4:

Frühschicht

	FFS 1+4	FFS 2+3	ges.
Systemführer S*	0,5	0,5	1
Vorarbeiter V*	1,4	1,4	2,8
Aufspanner A*	2	2	4
Springer A*-S	-	1	1
Hilfskraft H*	0,5	0,5	1
Personalstärke gesamt			9,8

Spätschicht

	FFS 1+4	FFS 2+3	ges.
S*	0,5	0,5	1
V*	0,5	0,5	1
A*	2	2	4
A*-S	-	1	1
H*	0,5	0,5	1
			8

Nachtschicht

	FFS 1+4	FFS 2+3	ges.
S*	-	-	-
V*	-	0,2	0,2
A*	1	1,8	2,8
A*-S	-	-	-
H*	0,2	0,8	1
			4

Bild 38: Arbeitsorganisations- und Personaleinsatzlösungen L 3 und L 4

Lösung 5:

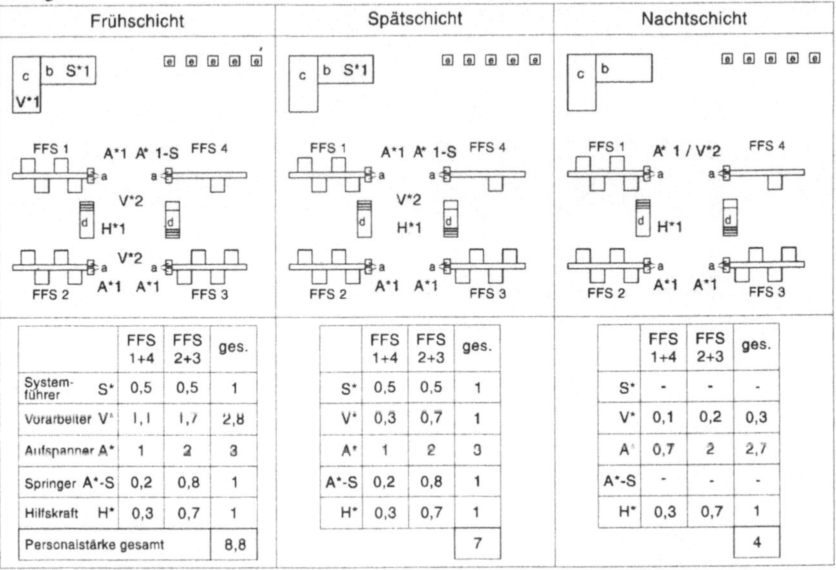

	Frühschicht	Spätschicht	Nachtschicht

Frühschicht

	FFS 1+4	FFS 2+3	ges.
Systemführer S*	0,5	0,5	1
Vorarbeiter V*	0,6	1,2	1,8
Aufspanner A*	2	2	4
Springer A*-S	-	-	-
Hilfskraft H*	0,5	0,5	1
Personalstärke gesamt			7,8

Spätschicht

	FFS 1+4	FFS 2+3	ges.
S*	0,5	0,5	1
V*	0,5	0,5	1
A*	2	2	4
A*-S	-	-	-
H*	0,5	0,5	1
			7

Nachtschicht

(entfällt)

Lösung 6:

Frühschicht

	FFS 1+4	FFS 2+3	ges.
Systemführer S*	0,5	0,5	1
Vorarbeiter V*	1,1	1,7	2,8
Aufspanner A*	1	2	3
Springer A*-S	0,2	0,8	1
Hilfskraft H*	0,3	0,7	1
Personalstärke gesamt			8,8

Spätschicht

	FFS 1+4	FFS 2+3	ges.
S*	0,5	0,5	1
V*	0,3	0,7	1
A*	1	2	3
A*-S	0,2	0,8	1
H*	0,3	0,7	1
			7

Nachtschicht

	FFS 1+4	FFS 2+3	ges.
S*	-	-	-
V*	0,1	0,2	0,3
A*	0,7	2	2,7
A*-S	-	-	-
H*	0,3	0,7	1
			4

Bild 39: Arbeitsorganisations- und Personaleinsatzlösungen L 5 und L 6

IPA Forschung und Praxis
Schriftenreihe aus dem Institut für Produktionstechnik und Automatisierung, Stuttgart

Herausgeber: Prof. Dr.-Ing. H. J. Warnecke

IPA Forschung und Praxis

Berichte aus dem Fraunhofer-Institut für Produktionstechnik und
Automatisierung, Stuttgart, und dem Institut für Industrielle Fertigung
und Fabrikbetrieb der Universität Stuttgart

Herausgeber: Prof. Dr.-Ing. H. J. Warnecke

IPA-IAO Forschung und Praxis

Berichte aus dem Fraunhofer-Institut für Produktionstechnik und
Automatisierung (IPA), Stuttgart, Fraunhofer-Institut für Arbeitswirtschaft
und Organisation (IAO), Stuttgart, und Institut für Industrielle Fertigung
und Fabrikbetrieb der Universität Stuttgart

Herausgeber: Prof. Dr.-Ing. H. J. Warnecke und Prof. Dr.-Ing. H.-J. Bullinger

231 **Qualitätsgerechte Auslegung flexibler Produktionssysteme mit Hilfe von Simulation**
Von Egbert Englert ISBN 3-540-61277-7.
1996, 126 Seiten mit 60 Abbildungen.   88,– DM

232 **Projektierungsverfahren für technische Software dargestellt an wissensbasierten Systemen**
Von Eberhard Kurz ISBN 3-540-61426-5.
1996, 129 Seiten mit 57 Abbildungen.   88,– DM

233 **Typologie zur systematischen Gestaltung der Arbeitsorganisation für Flexible Fertigungssysteme**
Von Sabine Stephan ISBN 3-540-61465-6.
1996, 186 Seiten mit 39 Abbildungen und 63 Tabellen.   88,– DM

Die Bände sind im Erscheinungsjahr und in den folgenden drei Kalenderjahren zu beziehen durch den örtlichen Buchhandel oder durch Lange & Springer, Otto-Suhr-Allee 25–28, 10585 Berlin.